SUPER POPULAR DISHES
FOR HOME COOKING

中国美食烹饪大师 甘智荣 主编

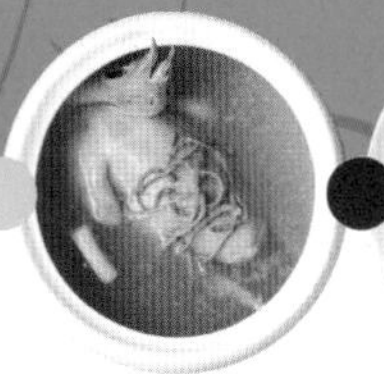

新疆人民出版总社
新疆人民卫生出版社

图书在版编目（CIP）数据

超人气百姓菜 / 甘智荣主编. -- 乌鲁木齐 : 新疆人民卫生出版社, 2016.6
（食在好味）
ISBN 978-7-5372-6568-3

Ⅰ. ①超… Ⅱ. ①甘… Ⅲ. ①家常菜肴-菜谱 Ⅳ. ①TS972.12

中国版本图书馆CIP数据核字(2016)第112924号

超人气百姓菜

CHAO RENQI BAIXINGCAI

出版发行 新疆人民出版总社
新疆人民卫生出版社
责任编辑 张 鸥
策划编辑 深圳市金版文化发展股份有限公司
版式设计 深圳市金版文化发展股份有限公司
封面设计 深圳市金版文化发展股份有限公司
地 址 新疆乌鲁木齐市龙泉街196号
电 话 0991-2824446
邮 编 830004
网 址 http://www.xjpsp.com
印 刷 深圳市雅佳图印刷有限公司
经 销 全国新华书店
开 本 173毫米×243毫米 16开
印 张 10
字 数 250千字
版 次 2016年9月第1版
印 次 2016年9月第1次印刷
定 价 29.80元

前言

无论走到哪里，是不是总有一种味道会让你念念不忘？无论品尝过多少美味，是不是总会想念自家餐桌上那熟悉的饭菜味道？既是人人皆知的大众菜，又有独具风味的地方特色菜；酸、甜、苦、辣、咸，五味俱全，黄、绿、黑、红、白，五色全有；可以在家一人食，也可以邀请三五好友共享美味。这便是百姓菜，家常的味道。

虽然没有用到名贵的食材，烹饪手法也是最为简单、常见，但它特别适合现代快节奏的生活方式。下班坐车回来后，在菜市场买上几种常见的食材，随意加工一下，当食材在热锅中炒制的时候，香味四溢，突然感觉一天的奔波劳累瞬间消散了。亲朋好友相聚之时，女主人做出几款拿手的百姓家常菜，不但在座的宾客会赞不绝口，自己也会感到欣慰而温暖，眼看着满满一席菜肴被吃得干干净净，这便是一位厨娘最值得骄傲的时刻了。

作为家庭炊事员，不但想要家人吃得好、吃得饱，更想要家人吃得营养、吃出健康。本书为您贴心准备了 130 余道百姓餐桌常吃的、经典的菜肴，并按食材分为蔬菜、菌豆、畜肉、禽蛋、水产、主食六大类，常见的食材、简单的烹饪，能充分满足家庭烹饪需求。当然，如果能有点儿小变化、小巧思，同样的食材每天也能做出新花样，让家人“餐餐滋味好，顿顿营养全”。

食是都市人的减压方式，美食能让人拥有美好心情，再忙再累也要吃好饭。不必是奇货可居的山珍海味，也不必为讲究搭配而烦恼，简单的烹炒煎炸煮，寻常的菜肉汤饭粥，便可。在这过程中，你收获的不仅仅是做菜的技巧，更重要的是对于简单生活的一种真切体悟。

目录

做百姓菜
——品百味生活

Part 2

清新蔬菜
——美丽健康吃出来

Part 3

鲜香菌豆

——鲜鲜美美拨动你心弦

无敌畜肉

——肉肉的好味道只有你懂得

百味禽蛋

——让人食指大动的飘香美味

Part 6

鲜活水产

——活色生香，吃之难忘

花样主食

——主食大变身，吃出新感觉

做百姓菜

品百味生活

古语云：『工欲善其事，必先利其器』，要做好百姓家常菜，就要了解基本的常识，这样就成功一半了。比如调味料的使用，比如不同食材的烹饪注意。了解这些基本知识，才能为之后菜肴的烹饪打好基础。

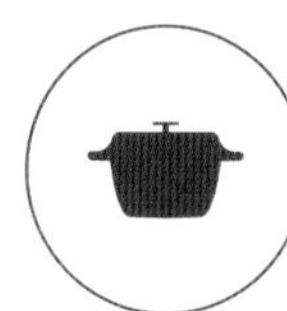

调味料，烹调好帮手

柴、米、油、盐、酱、醋、茶，“开门七件事”可以说是厨房至宝。这七件事中就有四件是调味料，足以证明调味料在厨房中的地位举足轻重。

在烹饪菜肴的过程中，合理使用调味料，不仅能提升菜肴的口味，对保留食物的营养，一样颇有益处。了解常见的调味料及其使用方法，可以帮助我们烹饪出色香味俱全的菜肴。

盐是百味之本，主要作用是提鲜、去异味、保鲜。盐一般要后放，可使菜更鲜嫩，放早了菜易变老。

酱油是仅次于盐的重要调味品，它除含有18%~20%的盐分外，还有多种氨基酸、糖类、有机酸、色素和香料成分。除了咸味，酱油还有鲜味、香味等，能增加和改善菜肴的口味、色泽。老抽、生抽都是常见的酱油。

食醋分为米醋、白醋、熏醋三种，呈酸味。醋可去腥、解油腻、增香、增鲜，是烹鱼、烹肉时不可缺少的调味料。炒蔬菜时加点醋，还能减少维生素的流失。

食用油在我国居民饮食中所占的比重也较重。食用油有植物油和动物油之分，一般建议在烹饪菜肴时采用植物油，如芝麻油、大豆油、葵花籽油、橄榄油等，而动物油，如猪油，由于所含有的饱和脂肪酸较多，对健康不利，故不建议多用。

味精、鸡精和鸡粉的主要作用是增加菜肴的鲜味。不过在使用时应把握好量，如投放量过多，会使菜产生苦涩的怪味。一般每道菜的用量不应超过 0.5 克。

糖是甜味的主要调料，烹调时应先放盐，然后加糖，最后放醋。糖不宜过早放，以免粘锅。

料酒是黄酒的一种，可去腥、调味、增香。烹调水产类原料时最为常用，它能增加菜肴的香气，有利于咸、甜各味充分渗入菜肴中。

此外，姜、葱、蒜、辣椒、花椒、胡椒、八角等香料，辣椒酱、豆瓣酱、番茄酱、芝麻酱等酱料，也是经常使用的调味料，具体烹饪时可根据食材需求和食者口味按需添加。

烹饪不同类食材的注意事项

蔬菜宜现炒现吃，吃肉多放蒜，蒸鱼要用开水，海鲜一定要烹熟烹透，最好配上姜、醋……掌握一定的烹饪诀窍，可以帮助我们烹饪出种类繁多且营养美味的家常菜肴。

如何减少蔬菜营养素的流失？

新鲜蔬菜中含有丰富的维生素、矿物质和纤维素，这些物质对人体的健康都是不可缺少的成分。但如果处理方式不当，这些营养成分就很容易丢失掉，下面来看看需要从哪几个角度来减少这种情况的发生。

1. 选择新鲜食材，减少储存时间。一些人喜欢每周进行一次大采购，把采购回来的蔬菜存在冰箱里慢慢吃。这样虽然节省时间、方便，但蔬菜放置时间越长，营养损失越多。因此，尽量减少蔬菜的储藏时间是非常重要的一环。

2. 先洗后切，流水冲洗。蔬菜宜先洗后切，以防止其中水溶性维生素的流失。此外，叶子菜、花菜等可以用手撕的蔬菜，最好不要用刀切；需要切开的食材，以切大块为宜。

3. 大火快炒，煮汤避免久煮。大火快炒可以使蔬菜中的营养素损失较少，而且能最大限度地保持蔬菜脆嫩的口感和翠绿的色泽。如果是煮汤，时间不宜太长，以免降低汤的鲜味。尤其是绿叶蔬菜，最好在汤品将煮好的时候再放，烫熟即可食用。

4. 能生吃就生吃。能生吃的食材，最好采用生吃的方式，可以做成凉拌菜或沙拉，如西红柿、黄瓜、生菜等。

5. 现做现吃，勿久放。蔬菜做好后存放时间越长，营养损失越大，还容易产生有害物质，不利健康。做好的蔬菜，最好出锅后立马吃掉，汤品也要现制现用，不宜隔日食用。

菌类烹调有窍门

菌类食材味道鲜美，营养丰富，是百姓餐桌上较为常见的菜品，无论是炒菜还是煲汤都少不了它。菌类食材较为常见的有香菇、金针菇、口蘑、草菇、平菇、猴头菇等。食材种类不同，烹调方式也各异。

香菇味鲜，适合红烧、油焖和清蒸。草菇主要用来爆炒，可以避免维生素的流失。草菇口感好，也适于做汤。金针菇味道鲜美，是凉拌菜和火锅料的首选，但最好煮 6 分钟以上，否则容易中毒，而且脾胃虚寒者不宜多吃金针菇。口蘑味道清淡，煲汤和清炒都可以。由于其本身水量过多，所以煲汤时可以不用加太多水，清炒的时候最好加少许水淀粉勾芡。木耳的最佳吃法是凉拌，泡发洗净后加上调味料拌匀即可。猴头菇有干湿之分，干货应提前泡发再炖汤，可以为汤水增鲜不少。新鲜的猴头菇可以用高温旺火烧煮，最好采用清淡的烹饪方式，这样才能保持其原味。

保住肉类营养，烹调有诀窍

无肉不欢，是大部分人的饮食观。然而，我们吃下去的肉类含有的营养成分，经过保存、烹饪等工艺，估计也所剩无几了。那如何才能保持其内在的营养，让其安全抵达我们的身体，再转化成我们身体的一部分呢？下面给大家提供几种营养保持方法，希望能有所帮助。

1. 加工方法不同，肉类营养损失程度也不同。红烧和清炖会使维生素损失多，但可使水溶性维生素和矿物质溶于汤汁内；蒸或煮对糖类和蛋白质起部分水解作用，也可使水溶性维生素及矿物质溶于水中，因此在食用以上方法烹调的肉类时要连汁带汤一起吃掉。炒制会使肉及其他动物性食物营养素损失较少。炸食会使维生素严重损失，但若在食品表面扑面糊，避免与油接触，则可以减少维生素的损失。

2. 保持 65℃烹饪肉类，出汁就翻个面。在烹饪肉类的时候，温度是非常重要的因素，让肉保持在 65℃就能良好保持住肉类的营养和水分，进而做出柔软可口的肉类料理。因为超过 65℃后，束缚着肉类纤维的胶原蛋白就会突然收缩，肉汁就会慢慢流出，让肉类变硬变老，口感变差。因此，当在做肉类料理的时候，看到肉汁出现后，就应当及时翻炒或者翻一个面。

3. 上浆挂糊，善用勾芡。用淀粉和鸡蛋对处理好的肉片或肉块进行上浆挂糊，可阻止原料中的水分和营养素流失，同时形成的淀粉凝胶层可隔绝高温，防止维生素被分解破坏和蛋白质变性。另外，烹调时可善用勾芡，使原料溢出的汁液浓稠并附着在菜品表面上，让菜肴滑润、柔嫩、鲜美，还可将原料浸出的营养成分连同菜肴一同摄入，减少营养素损失。

4. 多放蒜。吃肉的同时吃蒜，肉中的维生素 B_1 和大蒜中的大蒜素结合，可提高维生素 B_1 在胃肠道的吸收率和体内的利用率。对促进血液循环，消除身体疲劳，增强体质，预防大肠癌等都十分有效。而且，多放蒜还能够适度缓解肉的油腻，并提升肉的鲜味，可在一定程度上避免因为消化不良而导致的腹泻症状。

除了烹饪的环节影响肉类营养素的保留，在保存的这一环节中也是需要注意的。肉类如果购买比较新鲜的，冷藏则最好在 2 ~ 3 天内，冷冻最好在一个月内，不要超过两个月。除了保存时间不能过长，肉类的解冻方法不对，也会加速营养的流失。建议大家最好让肉自然解冻，时间急的情况下最好用微波炉解冻，不要用温、热水解冻。

教你烹饪营养又美味的鱼

鱼，一直是人类餐桌上必不可少的美味，且因做法各异，味道也各不相同。掌握下面这些烹饪诀窍，即使是厨艺平平，也能一显身手，轻松做出美味。

1. 炸鱼妙增鲜。炸鱼如果处理不当，很容易造成鱼肉粗糙，使鱼失去其本来的鲜美。可在入锅油炸前，将鱼用牛奶腌渍片刻，沥干后再入锅炸制，就可保持其鲜嫩味道。

2. 蒸鱼用开水。蒸鱼的时候需要将蒸锅里的水烧开，再放入处理好的鱼，这样才能锁住鱼的营养，更好地保留其鲜香滋味。

3. 煎鱼巧入味。将鱼处理干净后，沥干水分，往鱼两面均匀地抹上盐，腌渍约 10 ~ 15 分钟，再入锅煎制。煎鱼的火不宜过长，否则会使蛋白质凝固，影响营养吸收，还不易入味。

4. 红烧防肉碎。红烧鱼最好在烧之前，将鱼裹上生粉，放入热油锅炸透。烧鱼时，汤汁不宜多，刚好没过鱼身即可；火力不宜太大，汤烧开后改用小火煨。另外要注意，不要经常翻动鱼身，否则易将鱼肉弄碎。

5. 煮鱼巧放姜。煮鱼时经常会用姜来去腥、提鲜，不过姜的放入时机也是有诀窍的，过早放入反而容易削减姜的去腥效果。更好的做法是在鱼入锅煮一会儿后再放入姜，这样姜的去腥效果更好，而且鱼的味道更鲜。除此之外，淋入适量醋或料酒，也有去腥增鲜的作用。

正确烹饪海鲜的方法

海产品味鲜，而且营养价值极高，是许多人都喜欢的食材。但海产品如果处理不干净或烹饪方法不对，很容易导致食物中毒，损伤肠胃。所以，海产品要注意采用正确的烹饪方法，食用适量、适度，一般一周食用一次即可。

1. 食前处理技巧。海鱼吃前一定要洗净，去鳞、鳃及内脏。贝类煮食前，应用清水洗净，并在清水中浸泡 7 ~ 8 小时，让其吐净脏物。虾、蟹要清洗并挑去虾线等脏污，或用盐水浸泡数小时后洗净烹制。海鲜干货烹前最好用水煮 15 ~ 20 分钟，再捞出烹调。

2. 高温加热、烹熟烹透。细菌大多怕高温，所以海鲜类食材一定要烹熟、烹透，一般用急火熘炒几分钟即可放心食用。螃蟹、贝类等有硬壳的食材则必须加热彻底，一般需蒸、煮 30 分钟才可食用（加热温度至少 100℃）。

3. 巧配姜、葱、蒜、醋。做海鱼放葱可以全面激发鱼的香气，放姜可以缓解鱼的腥气，调和鱼的寒性。做虾、蟹、贝类菜肴时，要注意多放葱。葱有预防过敏的作用，并能抵消部分海鲜的寒性。多放蒜、醋，不仅可以提升海鲜食材的鲜味，还能起到杀菌的作用。

4. 生吃海鲜不可取。生鲜海产中往往含有细菌和毒素，生吃易造成食物中毒。而且海鱼中含有较多的组氨酸，鲜食还易导致过敏，对健康不利。

5. 涮食、熏烤要谨慎。有些人喜欢涮食新鲜海产，认为这样吃不仅鲜美，营养也更佳。这种做法是错误的。火锅涮食海产品时往往时间较短，在这短短的时间中，其中寄生的虫卵不能被杀死，食用后被感染的概率极高。熏烤同样如此。熏烤的温度往往达不到海鲜杀菌的要求，只是将表面细菌杀死，内部虫卵依然存在。

清新蔬菜

美丽健康吃出来

蔬菜中的田园味道，自然的色泽，让你立马就能感受到美好的大自然。将其做成餐桌上的美食，和最爱的人一起，品尝沉淀下来的美好『食』光，品尝生活的酸甜苦辣，那样的生活就算再苦，姿态再低，也能开出花儿来。

泡椒黄瓜

烹饪时间　1 小时 2 分钟

[原料]

黄瓜 ………………… 220 克
泡椒 ………………… 40 克
剁椒 ………………… 30 克
大蒜 ………………… 20 克

[调料]

盐 ………………… 2 克
鸡粉 ………………… 2 克
白糖 ………………… 2 克

[做法]

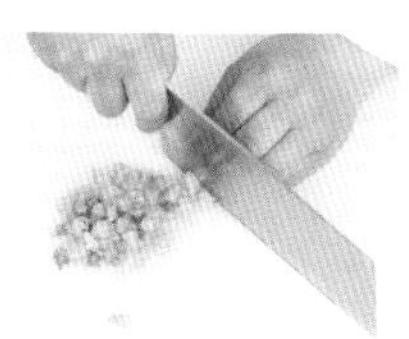

1 洗净的泡椒切小段，大蒜拍扁。

2 洗净的黄瓜对半切开，切长条，改切成长度相当的短条，待用。

3 取一碗，倒入黄瓜、泡椒、剁椒、大蒜，拌匀，加入盐、鸡粉、白糖，拌匀入味。

4 用保鲜膜密封好，并腌渍1小时后，撕开保鲜膜，将腌渍好的黄瓜装入盘中即可。

粉蒸茼蒿

烹饪时间 8分钟

[做法]

1 择洗好的茼蒿对半切开成长段。

2 备一个大碗，倒入茼蒿，淋上芝麻油，一边搅拌一边倒入面粉，搅拌均匀。

3 将拌好的茼蒿倒入蒸盘中，电蒸锅注水烧开，放入茼蒿。

4 盖上锅盖，蒸5分钟至熟，揭盖，将皇帝菜取出。

5 取一碗，倒入生抽、醋、蚝油，放入蒜末、葱花，搅拌均匀制成味汁，将拌好的味汁淋在茼蒿上即可。

[原料]

茼蒿……………200克
葱花……………3克
面粉……………10克
蒜末……………10克

[调料]

生抽……………10毫升
蚝油……………5克
醋……………3毫升
芝麻油……………适量

水豆豉拌折耳根

烹饪时间 3分钟

做法

1 洗净的折耳根切成小段。

2 将折耳根倒入备好的碗中，加入蒜末、水豆豉、香菜。

3 加入生抽、盐、鸡粉、芝麻油、白糖、陈醋。

4 充分拌匀，使得食材入味。

5 将折耳根倒入备好的盘中即可。

原料

水豆豉……30克
折耳根……100克
香菜……少许
蒜末……少许

调料

芝麻油……5毫升
陈醋……5毫升
生抽……5毫升
白糖……3克
鸡粉……3克
盐……3克

凉拌藕片

烹饪时间　2 分钟

做法

1 莲藕切片，放入凉水中待用。

2 锅中注入适量清水烧开，放入莲藕，焯片刻至断生，捞出莲藕，放入凉水中过凉。

3 将冷却的莲藕捞出，摆放在盘中，待用。

4 取一碗，倒入蒜末，淋上生抽，撒上盐、鸡粉、白糖。

5 倒入陈醋、辣椒油、芝麻油，拌匀，制成调味汁，浇在莲藕上，点缀上香菜即可。

原料

去皮莲藕............165 克
香菜......................少许
蒜末......................少许

调料

盐..........................2 克
鸡粉......................2 克
陈醋...................5 毫升
生抽...................5 毫升
辣椒油................5 毫升
芝麻油................5 毫升
白糖......................3 克

椒乳紫背菜

烹饪时间 3分钟

[原料]

紫背菜……………100克
红椒…………………30克
南乳…………………15克
姜片………………… 少许

[调料]

鸡粉……………………3克
食用油……………… 适量

扫一扫，看视频

[做法]

1 洗净的红椒对半切开，去籽，改切成丝，待用。

2 热锅注油烧热，倒入姜片，爆香。

3 倒入红椒、南乳。

4 倒入洗净的紫背菜，炒匀。

5 加入鸡粉，充分炒匀至入味。

6 关火后将炒好的菜肴盛出，装入盘中即可。

粉蒸红薯叶

烹饪时间 7 分钟

[做法]

1 洗净的红薯叶切宽丝，待用。

2 取一碗清水，倒入红薯叶，用手搓洗几遍。

3 再取一个碗，倒入红薯叶、玉米粉，搅拌匀，加入盐、料酒、鸡粉，搅匀调味。

4 将拌好的食材倒入蒸碗中，待用。

5 蒸锅上火烧开，放入红薯叶，盖上锅盖，中火蒸 5 分钟至熟。

6 揭盖，将红薯叶取出，淋上芝麻油即可食用。

[原料]

红薯叶……………300 克
玉米粉……………40 克

[调料]

盐……………2 克
鸡粉……………2 克
料酒……………4 毫升
芝麻油……………适量

豉油蒸菜心

烹饪时间　5 分钟

[原料]

菜心 .... 150 克
红椒丁 .... 5 克
姜丝 .... 2 克

[调料]

蒸鱼豉油........... 10 毫升
食用油.................. 适量

扫一扫，看视频

[做法]

1 备好电蒸锅，注入适量清水，烧开后放入菜心。

2 盖上盖，蒸 3 分钟，至食材熟透，断电后揭盖，取出菜心，待用。

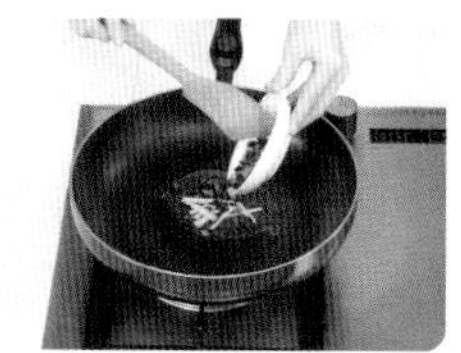

3 用油起锅，撒上姜丝，爆香，倒入红椒丁，炒匀。

4 淋上蒸鱼豉油，调成味汁，浇在菜心上，摆好盘即可。

芝麻酱拌小白菜

烹饪时间 4分钟

[做法]

1 将洗净的小白菜切长段；洗好的红椒切条形，再切粒。

2 取一个小碗，倒入少许生抽、鸡粉、芝麻酱、芝麻油、盐、凉开水，搅拌匀，再撒上熟白芝麻，制成味汁。

3 锅中注入适量清水烧开，放入切好的小白菜，拌匀，煮至断生，捞出，沥干待用。

4 取一个大碗，放入焯过水的小白菜，倒入味汁，拌约1分钟，至食材入味，撒上红椒粒，拌匀。

5 另取一盘，盛入拌好的菜肴即可。

[原料]

小白菜……160克
熟白芝麻……10克
红椒……少许

[调料]

芝麻酱……12克
盐……2克
鸡粉……2克
生抽……6毫升
芝麻油……适量

豆豉蒸青椒

烹饪时间　15 分钟

[原料]

青椒……………… 200 克
豆豉……………… 5 克

[调料]

猪油……………… 10 克
生抽……………… 3 毫升
盐……………… 2 克
鸡粉……………… 2 克

[做法]

1 洗净的青椒对半切开，去籽去蒂，备用。

2 电蒸锅注水烧开，放入备好的猪油，盖上盖，蒸 3 分钟使其融化，揭盖，将猪油取出，备用。

3 取一个大蒸盘，摆入青椒。

4 往猪油里放入生抽、盐、鸡粉、豆豉，拌匀，将拌好的酱汁浇在青椒上，待用。

5 电蒸锅再次烧开，放入青椒。

6 盖上盖，蒸 10 分钟，揭盖，将青椒取出即可。

粉蒸四季豆

烹饪时间 22 分钟

做法

1 将择洗干净的四季豆切段。

2 把四季豆装入碗中，倒入盐、生抽、食用油，拌匀，腌渍约5分钟，待用。

3 取腌好的四季豆，加入蒸肉米粉，拌匀，再转到蒸盘中。

4 备好电蒸锅，烧开水后放入蒸盘，盖上盖，蒸15分钟，至食材熟透。

5 断电后揭盖，取出蒸盘即可食用。

原料

四季豆……………200克
蒸肉米粉…………30克

调料

盐……………………2克
生抽………………8毫升
食用油……………适量

炒红薯玉米粒

烹饪时间 5分钟

做法

1 红薯切丁，洗净的圆椒切丁。

2 沸水锅中倒入切好的红薯丁，汆约2分钟，倒入洗净的玉米粒，煮至食材断生。

3 捞出汆好的食材，沥干水分，装盘。

4 用油起锅，倒入汆好的食材，翻炒约半分钟，放入圆椒丁、枸杞，炒匀。

5 注入少许清水，搅匀，稍煮1分钟至食材熟软。

6 加入盐、鸡粉，炒匀，用水淀粉勾芡，炒至收汁，关火后盛出即可。

原料

玉米粒……135克
去皮红薯……120克
去籽圆椒……30克
枸杞……30克

调料

盐……1克
鸡粉……1克
水淀粉……5毫升
食用油……适量

茄汁西蓝花

烹饪时间　7 分钟

做法

1 将洗净的西蓝花切成小朵。

2 锅中注入适量清水烧开，放少许盐、大豆油，拌匀，放入西蓝花，煮约 2 分钟至熟。

3 把西蓝花捞出，沥干水分，装入盘中，码放好。

4 锅置火上烧热，倒入适量大豆油，放入蒜末、番茄酱，爆香，倒入适量清水，拌匀煮沸。

5 放盐，再用水淀粉勾芡，制成味汁，盛出，浇在盘中西蓝花上即可。

原料

西蓝花……………360 克
蒜末………………… 少许

调料

大豆油……………… 适量
盐……………………3 克
番茄酱……………… 20 克
水淀粉…………10 毫升

1人份 小炒刀豆

烹饪时间 3分钟

[做法]

1 将去皮洗净的胡萝卜切段，再切菱形片；洗好的刀豆斜刀切段。

2 用油起锅，撒上蒜末，爆香，放入豆瓣酱，炒出香辣味。

3 倒入切好的刀豆和胡萝卜，将食材翻炒均匀。

4 注入少许清水，翻炒至食材熟软，加入少许鸡粉、白糖、水淀粉，改中火翻炒匀，至食材入味。

5 关火后盛出炒好的菜肴，装在盘中即可。

[原料]

刀豆……85克
胡萝卜……65克
蒜末……少许

[调料]

豆瓣酱……15克
鸡粉……少许
白糖……少许
水淀粉……适量
食用油……适量

2人份 胡萝卜烧雪菜

烹饪时间 23分钟

[原料]

胡萝卜……150克
雪菜……100克

[调料]

生抽……8毫升
食用油……适量

[做法]

1 将雪菜倒入碗中，倒入凉开水浸泡20分钟。

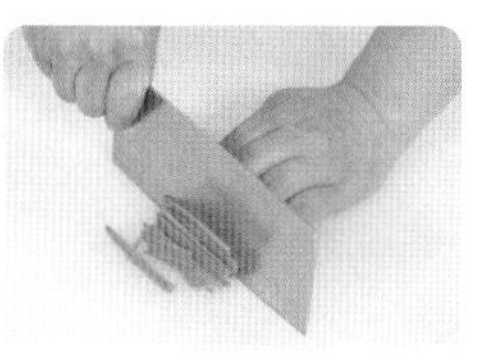

2 洗净去皮的胡萝卜切片，切丝。

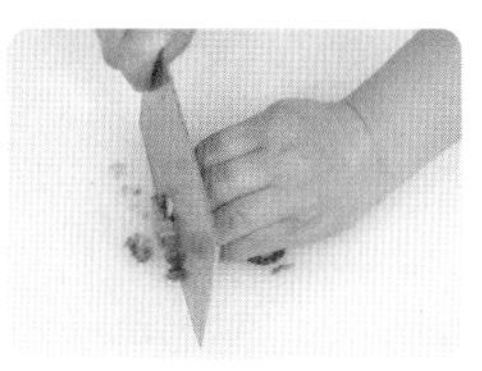

3 将浸泡好的雪菜切去根部，切段，再切碎。

4 热锅注油烧热，放入胡萝卜、雪菜，翻炒匀。

5 加入生抽，炒匀，再注入适量清水，翻炒片刻。

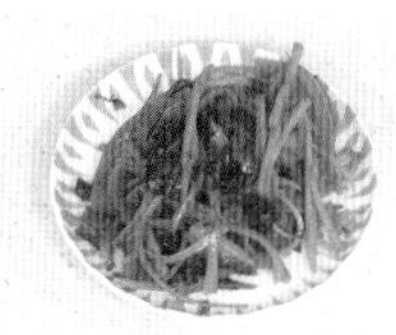

6 关火，将炒好的菜盛出装入盘中即可。

橄榄油芹菜拌核桃仁

烹饪时间 4分钟

[原料]

芹菜……300克
核桃仁……35克

[调料]

盐……3克
鸡粉……2克
橄榄油……10毫升

扫一扫 看视频

[做法]

1 将洗净的芹菜切长段，备好的核桃仁拍碎，待用。

2 煎锅置火上烧热，倒入核桃碎，用中小火炒出香味，关火后盛出食材，装盘待用。

3 开水锅中倒入芹菜段，拌匀，煮至食材断生后捞出，沥干水分，待用。

4 取一大碗，放入芹菜段，滴入适量橄榄油，加入少许盐、鸡粉，搅拌匀。

5 撒上核桃碎，快速搅拌一会儿，至食材入味。

6 将拌好的菜肴盛入盘中即可。

梅干菜腐竹蒸冬瓜

3人份

烹饪时间 15分钟

[做法]

1 泡发好的腐竹切等长段，冬瓜切成0.5厘米的片，泡发好的梅干菜切碎，待用。

2 用油起锅，倒入姜末，爆香，倒入梅干菜，加入适量白糖、盐，将梅干菜炒去水分后盛出，装碗待用。

3 取一盘，放上腐竹，绕圈一片叠一片摆上冬瓜，再将梅干菜盖在上面，放上剁椒，待用。

4 电蒸锅注水烧开，放入食材，蒸10分钟，取出。

5 取一碗，倒入生抽、盐、白糖、蒜末，拌匀，制成调味酱，淋在蒸好的食材上，撒上葱花即可。

[原料]

去皮冬瓜............260克
水发腐竹..............80克
水发梅干菜...........60克
姜末.......................8克
蒜末.......................8克
剁椒.....................12克
葱花.......................5克

[调料]

盐..........................3克
白糖.......................5克
生抽....................5毫升
食用油..................适量

茄子辣椒炒西红柿

烹饪时间　11 分钟

[做法]

1 青椒去籽，切块；西红柿切块；茄子对半切开，切条，再从中间切成两段，待用。

2 用油起锅，倒入茄子，翻炒 2 分钟，加入生抽，注入适量清水。

3 加盖，用大火焖 5 分钟至茄子熟软收汁，揭盖，盛出焖好的茄子，装盘待用。

4 另起锅注油烧热，倒入姜片、葱段、蒜末，爆香，放入西红柿，炒匀，倒入青椒、茄子，翻炒均匀。

5 加入少许清水、盐、鸡粉，炒匀调味，加入水淀粉，炒匀收汁，关火后盛出即可。

[原料]

去蒂茄子............200 克
西红柿...............130 克
青椒....................75 克
姜片..................... 少许
葱段..................... 少许
蒜末..................... 少许

[调料]

盐..........................1 克
鸡粉......................1 克
生抽....................5 毫升
水淀粉................5 毫升
食用油.................. 适量

蒜茄子

烹饪时间　23 分钟

原料

茄子……200 克
香菜……20 克
红椒……30 克
蒜末……50 克

调料

盐……3 克
芝麻油……10 毫升

做法

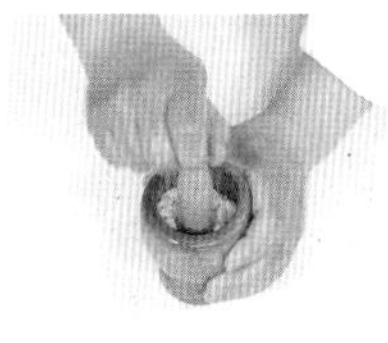

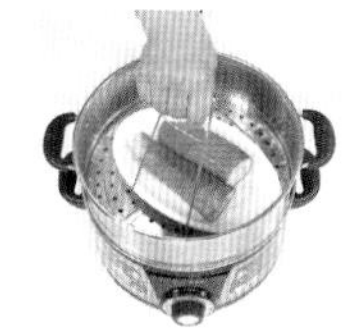

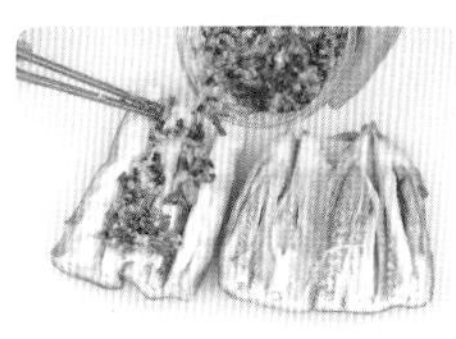

1 香菜切碎；红椒切碎；取捣蒜罐，倒入蒜末、盐，捣成蒜泥。

2 往蒜泥中倒入红椒碎、香菜碎、适量盐和清水，搅拌匀，待用。

3 电蒸锅注水烧开，放入茄子，蒸 20 分钟，取出切开，在中间切上几刀，但不断开。

4 撒上盐，铺上蒜泥，将茄子卷起，包好后切小段，摆好盘，淋上芝麻油即可。

糖醋土豆丝

烹饪时间　3 分钟

原料

去皮土豆…………200 克
葱段…………少许
蒜末…………少许
姜末…………少许

调料

盐…………3 克
白糖…………3 克
鸡粉…………3 克
陈醋…………5 毫升
食用油…………适量

做法

1 土豆切片，切成丝。

2 将切好的土豆丝倒入凉水中，去除多余的淀粉，待用。

3 热锅注油烧热，倒入姜末、葱段、蒜末，爆香，倒入土豆丝，翻炒片刻。

4 注入适量清水，撒上盐、白糖，加入陈醋，撒上鸡粉，充分炒匀入味。

5 关火后将炒好的土豆丝盛出装盘即可。

家常烧茄子

烹饪时间　2 分钟

做法

1 洗净的茄子削花皮，切滚刀块；洗净的青椒、红椒切开，去籽，切成小块。

2 锅中注油烧热，倒入茄子块、红椒块、青椒块，拌匀，捞出食材，沥干待用。

3 锅底留油烧热，倒入葱段、姜片、蒜片，爆香，加入生抽、适量清水。

4 放入盐、鸡粉、白糖、水淀粉，翻炒均匀。

5 倒入已过油的食材，快速翻炒匀，关火后将食材盛入盘中即可。

原料

茄子……155 克
青椒……45 克
红椒……50 克
姜片……少许
蒜片……少许
葱段……少许

调料

盐……2 克
鸡粉……2 克
水淀粉……5 毫升
白糖……3 克
生抽……适量
食用油……适量

粉蒸芋头

烹饪时间 27 分钟

[做法]

1 洗净的芋头对半切开，切成长条，装入碗中。

2 倒入甜辣酱、少许葱花、蒜末，加入盐，将材料拌匀，倒入蒸肉米粉，拌匀。

3 将拌好的芋头摆放在备好的盘中，待用。

4 蒸锅注水烧开，放上拌好的芋头，加盖，用大火蒸 25 分钟至熟。

5 揭盖，取出蒸好的芋头，撒上葱花即可。

[原料]

去皮芋头............400 克
蒸肉米粉............130 克
葱花..................... 少许
蒜末..................... 少许

[调料]

甜辣酱.................30 克
盐 ....2 克

酱栗子莲藕

烹饪时间　17 分钟

原料

板栗……………80 克
莲藕…………200 克
熟豌豆…………20 克

做法

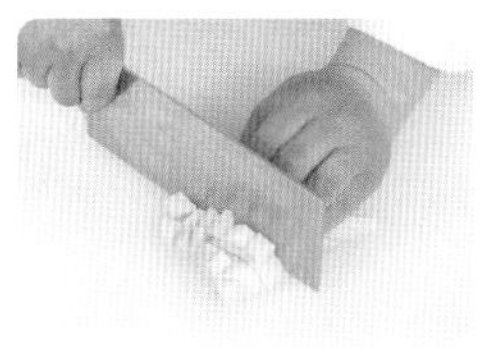

1 莲藕切成片，切条，切成丁。

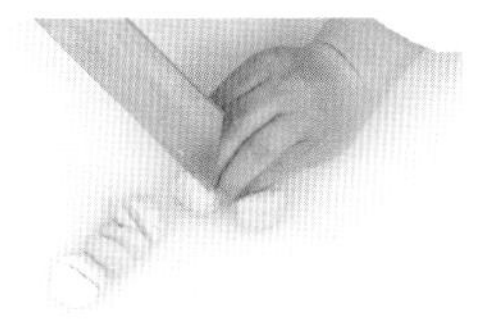

2 板栗切成小块，待用。

3 锅中注入适量清水烧开，倒入莲藕丁、板栗块，搅拌片刻。

4 盖上盖，大火煮 15 分钟至熟软。

5 揭盖，倒入备好的熟豌豆，拌匀，再盖上盖，大火略煮收汁。

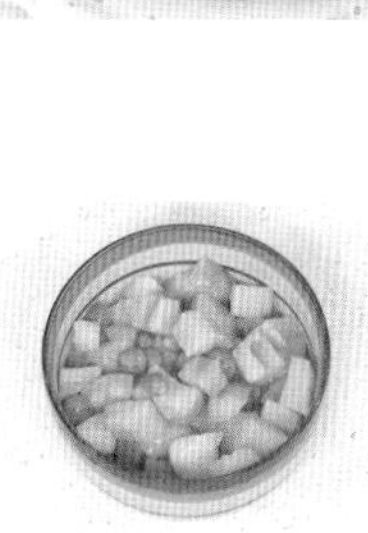

6 揭盖，将煮好的菜肴盛出装入碗中即可。

土豆炖白菜

烹饪时间　18 分钟

[原料]

去皮土豆............165 克
白菜..................200 克
八角......................1 个
姜片..................... 少许
葱碎..................... 少许

[调料]

盐..........................2 克
胡椒粉...................2 克
鸡粉......................1 克
食用油.................. 适量

扫一扫，看视频

[做法]

1 土豆切成长短均匀的小条，洗净的白菜切条，待用。

2 用油起锅，放入八角、姜片、葱碎，爆香。

3 倒入土豆条，翻炒数下，放入白菜条，翻炒匀。

4 注入适量清水至刚好没过食材，搅匀，加入盐，拌匀。

5 加盖，用大火煮开后转小火炖 15 分钟至食材熟软。

6 揭盖，加入鸡粉、胡椒粉，搅匀调味，关火后盛出即可。

什锦蔬菜汤

烹饪时间　16 分钟

做法

1 洗净的白萝卜去皮切片，切条，切小丁；洗净的西红柿切片，待用。

2 取一个马克杯，放入白萝卜、西红柿、黄豆芽。

3 加入适量清水、盐、食用油、鸡粉，搅拌匀，用保鲜膜将杯口盖住。

4 电蒸锅注水烧开，放入杯子，盖上盖，蒸 15 分钟。

5 待时间到，揭开盖，将杯子取出，揭开保鲜膜，撒上葱花即可。

原料

白萝卜……100 克
西红柿……50 克
葱花……5 克
黄豆芽……15 克

调料

盐……2 克
鸡粉……2 克
食用油……适量

南瓜西红柿土豆汤

烹饪时间 3小时13分钟

做法

1 洗净的土豆切滚刀块，西红柿切小瓣，南瓜切块，玉米切段，瘦肉切块。

2 锅中注入适量清水烧开，倒入瘦肉，汆片刻，捞出，沥干待用。

3 砂锅中注入适量清水，倒入瘦肉、土豆、南瓜、玉米、山楂、沙参、姜片，拌匀。

4 加盖，大火煮开后转小火煮3小时至析出有效成分。

5 揭盖，放入西红柿，拌匀，续煮10分钟至西红柿熟。

6 加入盐，搅拌片刻至入味，关火后盛出即可。

原料

南瓜……200克
瘦肉……200克
去皮土豆……150克
西红柿……100克
玉米……100克
沙参……30克
山楂……15克
姜片……少许

调料

盐……2克

鲜香菌豆

——鲜鲜美美拨动你心弦

鲜滑的菌菇类，在齿间交错咀嚼的时候，那种嚼劲，那种多汁的鲜香，让人欲罢不能。更重要的是它们还是世界公认的保健佳品，能吃到这样的食物，夫复何求？豆类和其衍生品，都是不错的下饭菜，赶紧学起来吧！

蜂蜜蒸木耳

烹饪时间 21 分钟

做法

1 取一个碗，倒入洗好的木耳。

2 加入少许蜂蜜、红糖，搅拌均匀，倒入蒸盘，备用。

3 蒸锅上火烧开，放入蒸盘。

4 盖上锅盖，用大火蒸 20 分钟至其熟透。

5 关火后，揭开锅盖，将蒸好的木耳取出。

6 撒上少许枸杞点缀即可。

原料

水发木耳............15 克
枸杞..................少许

调料

红糖..................少许
蜂蜜..................少许

凉拌银耳

烹饪时间 6分钟

[原料]

水发银耳……130克
香菜……30克

[调料]

生抽……4毫升
鸡粉……2克
芝麻油……3毫升

[做法]

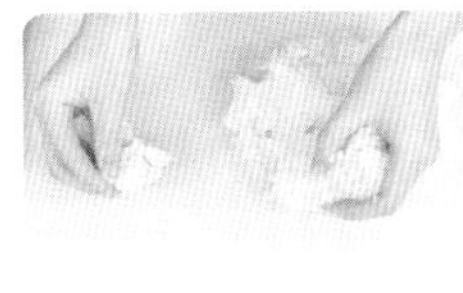

1 将泡发好的银耳切去根部，撕成小朵。

2 锅中注水烧开，倒入银耳，搅拌匀，煮至沸腾。

3 盖上盖，大火煮5分钟至断生。

4 揭盖，将银耳捞出，沥干水分，待用。

5 将银耳装入碗中，放入生抽、鸡粉、芝麻油，拌匀。

6 倒入香菜，搅拌片刻，装入盘中即可。

杂菇煲

3人份

烹饪时间 7分钟

[原料]

口蘑……50克
草菇……60克
去皮冬笋……80克
去柄红椒……45克
香菇……55克
姜片……少许
葱段……少许

[调料]

盐……1克
鸡粉……1克
白糖……1克
蚝油……5克
生抽……5毫升
水淀粉……5毫升
食用油……适量

[做法]

1 冬笋切片，红椒切块，口蘑切厚片，香菇切厚片，草菇对半切开。

2 热水锅中倒入冬笋片、草菇，氽片刻，待煮沸后，倒入口蘑、香菇，搅匀，氽至食材断生，捞出待用。

3 用油起锅，放入姜片、葱段，爆香，倒入红椒块、氽好的食材，炒匀。

4 加入生抽、蚝油、少许清水、盐、鸡粉、白糖，炒匀，放入水淀粉，炒匀至收汁。

5 关火后将菜肴转移至小砂锅中，将小砂锅置火上，加盖，焖约2分钟至入味，关火后端出小砂锅即可。

什锦蒸菌菇

烹饪时间 11 分钟

做法

1 洗净的杏鲍菇切条，秀珍菇切条，香菇切片，胡萝卜切条。

2 取空碗，倒入切好的食材和洗净的蟹味菇，放入姜片和葱段。

3 加入生抽、盐、鸡粉、白糖，拌匀，腌渍 5 分钟。

4 将腌好的菌菇装盘。

5 取出已烧开上气的电蒸锅，放入菌菇，加盖，蒸 5 分钟至熟。

6 揭盖，取出蒸好的什锦菌菇，撒上葱花即可。

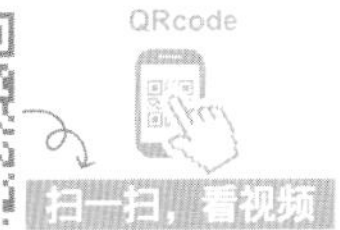

原料

蟹味菇……90 克
杏鲍菇……80 克
秀珍菇……70 克
香菇……50 克
胡萝卜……30 克
葱段……5 克
姜片……5 克
葱花……3 克

调料

盐……3 克
鸡粉……3 克
白糖……3 克
生抽……10 毫升

三色杏鲍菇

烹饪时间 4分钟

做法

1 洗净的芥菜切段；胡萝卜切片；杏鲍菇切去根部，再切成片。

2 沸水锅中倒入切好的杏鲍菇，汆1分钟至断生，捞出待用。

3 沸水锅中依次倒入胡萝卜片、芥菜，汆至断生后捞出，沥干待用。

4 用油起锅，倒入蒜末、姜片、葱段，倒入杏鲍菇，翻炒数下，加入生抽，炒匀。

5 放入胡萝卜片、芥菜，翻炒匀，放入盐、鸡粉、少许清水，炒匀。

6 加入水淀粉，炒匀收汁，关火后盛出即可。

原料

芥菜……80克
杏鲍菇……100克
去皮胡萝卜……70克
蒜末……少许
姜片……少许
葱段……少许

调料

盐……1克
鸡粉……1克
生抽……5毫升
水淀粉……5毫升
食用油……适量

蒜蓉粉丝金针菇

烹饪时间　12 分钟

原料

金针菇……………200 克
水发粉丝…………50 克
剁椒………………30 克
青椒末……………20 克
蒜末………………15 克

调料

盐…………………2 克
蒸鱼豉油…………10 毫升
食用油……………适量

做法

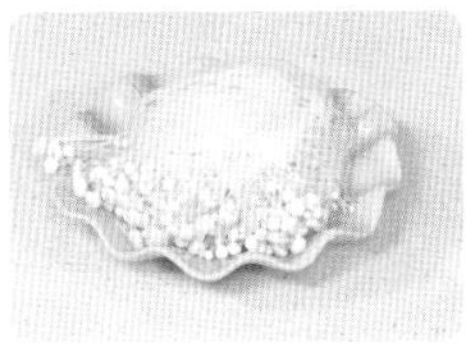

1 洗净的金针菇切掉根部，撕散，装盘；泡好的粉丝切两段，将粉丝放在金针菇上。

2 取空碗，放入剁椒、青椒末、蒜末、盐，将材料搅匀，铺在粉丝和金针菇上。

3 取出已烧开水的电蒸锅，放入食材，盖上盖，蒸 10 分钟至熟，揭盖，取出食材，待用。

4 热锅注油，烧至八成热，将热油浇在蒜蓉粉丝金针菇上，再淋入蒸鱼豉油即可。

2人份

蚝油卤香菇

烹饪时间 44分钟

[原料]

香菇……100克
猪骨头……400克
卤料包……1个
蚝油……25克
葱段……少许
姜片……少许

[调料]

鸡粉……3克
生抽……5毫升
料酒……4毫升
盐……2克
食用油……适量

[做法]

1 开水锅中倒入洗净的猪骨，汆去杂质，将猪骨捞出，沥干待用。

2 热锅注油烧热，放入葱段、姜片，爆香。

3 加入适量清水，倒入猪骨、卤料包，淋入生抽、料酒，加入盐，搅拌调味。

4 盖上盖，大火煮开后转小火焖30分钟，揭盖，倒入香菇、蚝油，搅匀，用小火续焖10分钟至入味。

5 放入鸡粉，拌匀，关火，将食材盛出，放凉。

6 将放凉的香菇置于砧板上，斜刀对半切开，装入盘中，浇上锅中汤汁即可。

酱黄豆

烹饪时间　21 分钟

[做法]

1 锅中注入适量清水，用大火烧热，倒入泡发好的黄豆、八角。

2 加入适量生抽、老抽、盐、白糖，搅匀。

3 盖上锅盖，大火煮开后转小火焖20 分钟。

4 掀开锅盖，用大火收汁。

5 关火后将煮好的黄豆盛出，装入碗中即可。

[原料]

水发黄豆............300 克
八角..................... 少许

[调料]

盐..........................2 克
生抽.................30 毫升
老抽....................5 毫升
白糖......................3 克

香菜拌黄豆

烹饪时间　21 分钟

做法

1 锅中注入适量清水烧开，倒入备好的黄豆、姜片、花椒，加入少许盐。

2 盖上盖，煮开后转小火煮 20 分钟至食材入味。

3 掀开盖，将食材捞出装入碗中，拣去姜片、花椒。

4 将香菜加入黄豆中，加入盐、芝麻油，持续搅拌片刻，使其入味。

5 将拌好的食材装入盘中即可。

原料

水发黄豆…………200 克
香菜…………20 克
姜片…………少许
花椒…………少许

调料

盐…………2 克
芝麻油…………5 毫升

1人份 凉拌油豆腐

烹饪时间 2分钟

[原料]

油豆腐……………110克
香菜………………少许
姜末………………少许
葱花………………少许

[调料]

盐……………………1克
鸡粉…………………1克
生抽………………5毫升
芝麻油……………5毫升

[做法]

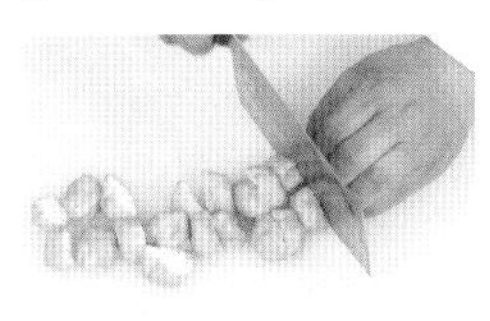

1 将油豆腐对半切开，待用。

2 沸水锅中倒入切好的油豆腐，焯约1分钟至熟，捞出沥干，待用。

3 将放凉的油豆腐装碗，放入姜末、葱花，加入盐、鸡粉、生抽、芝麻油，搅拌均匀。

4 将拌匀的油豆腐装盘，放上洗净的香菜即可。

锅贴豆腐

烹饪时间　12 分钟

[原料]

油豆腐……120 克
肉末……100 克
姜末……少许
葱花……少许

[调料]

盐……1 克
鸡粉……2 克
十三香……2 克
料酒……3 毫升
生抽……8 毫升
蚝油……3 克
水淀粉……5 毫升
食用油……适量

[做法]

1 往肉末中放入姜末和葱花，加入料酒、生抽、盐、鸡粉、十三香，拌匀。

2 给油豆腐开一个小口，塞入拌匀的肉末，待用。

3 用油起锅，倒入油豆腐，稍煎 1 分钟，加入生抽、少许清水、蚝油、鸡粉，拌匀。

4 加盖，焖 10 分钟至熟软入味，揭盖，加入水淀粉，炒匀收汁。

5 关火后盛出油豆腐，撒上剩余葱花即可。

3人份 红烧家常豆腐

烹饪时间 4分钟

[做法]

1 豆腐切片，蒜苗切段，朝天椒切段。

2 热锅注油烧热，放入豆腐片，煎至两面焦黄色，将豆腐片盛入盘中，待用。

3 热锅注油烧热，倒入姜末、蒜末，爆香，放入豆瓣酱、朝天椒，翻炒片刻，倒入清水，加入豆腐、鸡粉、盐、白糖，微微晃动炒锅。

4 倒入蒜苗，稍稍搅拌，加入少许水淀粉，翻炒勾芡，淋入些许辣椒油，翻炒均匀。

5 将炒好的豆腐盛出装入盘中即可。

[原料]

豆腐……300克
蒜苗……30克
朝天椒……10克
蒜末……少许
姜末……少许

[调料]

盐……2克
鸡粉……2克
白糖……3克
水淀粉……适量
辣椒油……适量
豆瓣酱……适量
食用油……适量

卤虎皮豆腐

烹饪时间 22 分钟

[做法]

1 把北方豆腐切厚片，放入热油锅中，炸约 4 分钟至外表呈金黄色虎皮，关火后捞出，稍稍放凉。

2 待锅中油温续烧至八成热，再次放入豆腐，炸半分钟至呈焦黄色，捞出，待用。

3 另起锅注油烧热，放入葱段、姜片、八角、桂皮、花椒，爆香。

4 加入适量清水、生抽、老抽、盐，搅匀，倒入炸好的虎皮豆腐，搅匀。

5 用大火烧开后转小火，加盖，卤 10 分钟至入味，揭盖，加入鸡粉，搅匀调味。

6 关火后盛出虎皮豆腐，切条，装入盘中，淋上适量酱汁即可。

[原料]

北方豆腐............300 克
葱段..................... 少许
姜片..................... 少许
八角......................2 个
桂皮......................3 克
花椒......................2 克

[调料]

盐.........................2 克
鸡粉......................1 克
生抽...................5 毫升
老抽...................3 毫升
食用油................. 适量

薄荷拌豆腐

烹饪时间 3分钟

原料

豆腐……150克
薄荷叶……30克
朝天椒……15克
蒜末……20克

调料

盐……2克
鸡粉……2克
生抽……5毫升
芝麻油……3毫升
红油……3毫升
花椒油……2毫升

做法

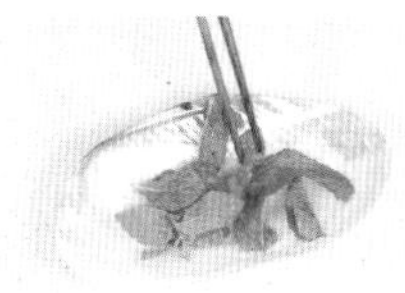

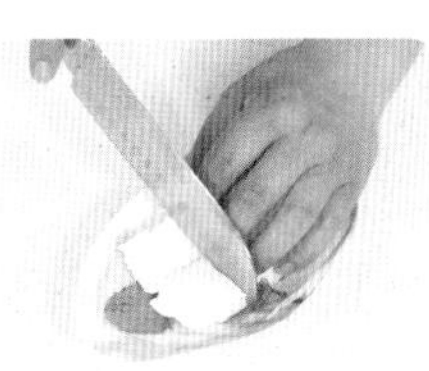

1 取适量薄荷叶，细细切碎，剩余薄荷叶铺入盘中；把洗净的朝天椒切成圈，待用。

2 取一碗，放入朝天椒、蒜末、薄荷叶碎、盐、鸡粉、生抽、芝麻油、红油、花椒油，拌匀。

3 锅中注入适量清水烧开，倒入豆腐，搅拌片刻，氽去豆腥味，捞出，沥干待用。

4 把氽好的豆腐对半切开，切成小块，摆入盘中，将调好的味汁浇在豆腐上即可。

农家煎豆腐

烹饪时间　4 分钟

[做法]

1 洗净的豆腐切厚片；葱白横刀对半切开，切小块；洗净的菜心切段，待用。

2 用油起锅，放入切好的豆腐片，煎约 1 分钟至底部成金黄色，翻面。

3 放入姜末、葱白，稍稍爆香，加入辣椒粉、五香粉、生抽。

4 注入适量清水至没过锅底，晃动炒锅至调料稍稍融合。

5 倒入切好的菜心，加入盐、鸡粉，搅匀，稍煮 1 分钟至入味。

6 关火后盛出菜肴，装盘即可。

[原料]

豆腐……200 克
菜心……110 克
葱白……30 克
姜末……少许

[调料]

盐……1 克
鸡粉……1 克
辣椒粉……30 克
五香粉……2 克
生抽……5 毫升
食用油……适量

豆皮拌豆苗

烹饪时间 5分钟

[原料]

豆皮……………70克
豆苗……………60克
花椒……………15克
葱花……………少许

[调料]

盐………………1克
鸡粉……………1克
生抽…………5毫升
食用油…………适量

[做法]

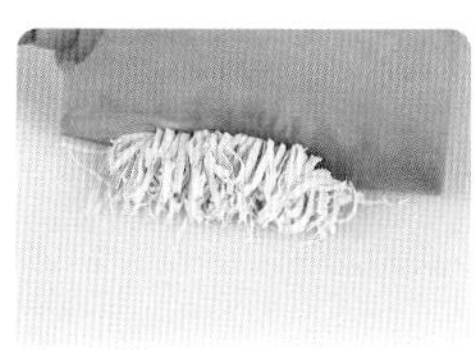

1 把洗净的豆皮切丝，将豆皮丝切两段。

2 沸水锅中倒入豆苗，焯至断生，捞出，沥干待用。

3 锅中再倒入豆皮丝，焯2分钟，捞出沥干，装碗，撒上葱花，待用。

4 另起锅注油，倒入花椒，炸约1分钟，捞出花椒。

5 将花椒油淋在豆皮和葱花上，放上焯好的豆苗。

6 加入盐、鸡粉、生抽，拌匀食材，将拌好的菜肴装盘即可。

鸡汤豆皮丝

烹饪时间　4 分钟

原料

豆皮……130 克
鸡汤……300 毫升
鸡胸肉……100 克
红彩椒……40 克
香菜……少许

调料

盐……1 克
鸡粉……1 克
胡椒粉……1 克
料酒……5 毫升
食用油……适量

QRcode
扫一扫，看视频

做法

1 将洗净的豆皮展开，对半切开成方块状，卷起豆皮，切成丝。

2 洗好的红彩椒去籽，切丝；洗净的鸡胸肉切片，改切成丝。

3 热锅注油，倒入切好的鸡胸肉，翻炒均匀，加入料酒、鸡汤，用大火煮开。

4 倒入豆皮丝，拌匀，加入盐、鸡粉、胡椒粉，拌匀，用大火煮开后转中火稍煮约 2 分钟至入味。

5 关火后盛出煮好的汤，装碗，放上彩椒丝、香菜即可。

2人份 豉汁蒸腐竹

烹饪时间 22分钟

做法

1 红椒切开，去籽，切条，再切粒；泡发好的腐竹切长段，装盘待用。

2 用油起锅，放入姜末、蒜末、豆豉，爆香，倒入红椒粒，加少许生抽、鸡粉、盐，炒匀。

3 关火后将炒好的材料浇在腐竹上，待用。

4 蒸锅上火烧开，放入腐竹，盖上锅盖，大火蒸20分钟至入味。

5 掀开锅盖，将腐竹取出，撒上葱花即可。

原料

水发腐竹…………300克
豆豉…………20克
红椒…………30克
葱花…………少许
姜末…………少许
蒜末…………少许

调料

生抽…………5毫升
盐…………少许
鸡粉…………少许
食用油…………适量

口蘑炖豆腐

烹饪时间　19 分钟

扫一扫，看视频

原料

口蘑……170 克
豆腐……180 克
姜片……少许
葱碎……少许
蒜末……少许

调料

盐……1 克
鸡粉……1 克
胡椒粉……2 克
老抽……2 毫升
蚝油……3 克
生抽……5 毫升
水淀粉……5 毫升
食用油……适量

做法

1 洗净的豆腐横刀从中间切开，切三段，再把每段对切开，成三角状。

2 洗好的口蘑切片，倒入沸水锅中，汆 1 分钟至断生，捞出，装盘待用。

3 用油起锅，倒入葱碎、姜片、蒜末，爆香，放入口蘑片，炒匀，加入蚝油、生抽，炒匀。

4 注入少许清水，倒入切好的豆腐，稍稍搅匀，加入盐，加盖，炖 15 分钟至食材熟软。

5 揭盖，加入鸡粉、胡椒粉、老抽，搅匀调味。

6 加入水淀粉，轻晃炒锅，稍煮片刻至入味收汁，关火后盛出即可。

2人份 杂菌豆腐汤

烹饪时间　4 分钟

做法

1 水豆腐横刀切片，切成条；洗净真姬菇根部，再用手撕成小瓣；洗净的香菇切十字刀，切成四瓣。

2 备一个碗，放入真姬菇、香菇、水豆腐、木鱼花，注入适量凉开水，用保鲜膜将碗口盖住。

3 备好微波炉，打开炉门，将食材放入，关上炉门，启动机子微波炉 3 分 30 秒。

4 待时间到打开炉门，将食材取出，揭去保鲜膜即可。

原料

水豆腐……………100 克
香菇…………………15 克
真姬菇………………50 克
木鱼花…………………3 克

花生腐竹汤

烹饪时间　1 小时 2 分钟

[原料]

水发腐竹..............80 克
花生米.................75 克
水发黄豆..............70 克
水发干百合...........35 克
姜片..................... 少许

[调料]

盐..........................2 克

[做法]

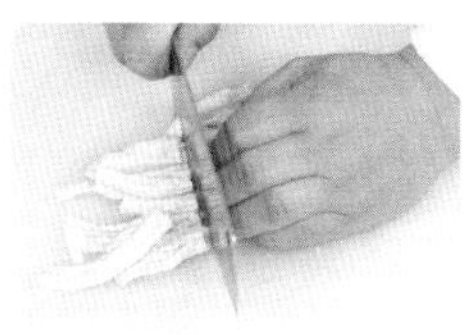

1 洗净的腐竹对半切开，待用。

2 砂锅中注入适量清水烧开，倒入洗净的黄豆、百合、花生、腐竹、姜片，拌匀。

3 加盖，大火煮开后转小火煮 1 小时至熟。

4 揭盖，加入盐，搅拌片刻至入味，关火后盛出煮好的汤，装入碗中即可。

蘑菇竹笋汤

烹饪时间　14 分钟

[做法]

1 处理好的竹笋切成片；洗净的口蘑切成片；泡发好的姬松茸切去蒂，撕成小块。

2 锅中注水烧开，倒入竹笋、口蘑、姬松茸，汆去杂质，捞出食材，待用。

3 锅中注水烧开，倒入汆好的食材、备好的红枣，搅拌一下，盖上盖，大火煮开后转小火煮 10 分钟至熟。

4 揭盖，加入盐、鸡粉，搅拌片刻至入味，淋上芝麻油，搅拌匀。

5 将煮好的汤盛出装入碗中，撒上葱花即可。

[原料]

竹笋……90 克
水发姬松茸……70 克
口蘑……70 克
红枣……3 颗
葱花……少许

[调料]

盐……2 克
鸡粉……2 克
芝麻油……适量

金针菇白菜汤

烹饪时间 5分钟

[原料]

白菜心……55克
金针菇……60克
淀粉……20克

[调料]

芝麻油……少许

[做法]

1 洗好的白菜心切丝，再细细切碎；洗净的金针菇切成小段，待用。

2 往淀粉中加入适量清水，搅拌匀，即成水淀粉，待用。

3 奶锅注水烧开，倒入白菜心、金针菇，搅拌片刻，持续加热煮至汤汁减半。

4 倒入水淀粉，搅拌至汤汁浓稠。

5 淋上少许芝麻油，搅拌匀，关火后将煮好的汤盛出装碗即可。

五色杂豆汤

烹饪时间　2 小时 11 分钟

[做法]

1 砂锅中注入适量清水，倒入黑豆、红豆、黄豆、眉豆、绿豆、蜜枣、陈皮，拌匀。

2 加盖，大火煮开后转小火煮 2 小时至食材熟软。

3 揭盖，加入冰糖，拌匀，再盖上，续煮 10 分钟。

4 揭盖，稍稍搅拌片刻至入味，将食材盛入碗中即可。

[原料]

水发黄豆..............80 克
水发黑豆..............80 克
水发绿豆..............80 克
水发红豆..............70 克
水发眉豆..............90 克
蜜枣......................5 克
陈皮......................1 片

[调料]

冰糖....................30 克

芸豆赤小豆鲜藕汤

烹饪时间　2小时1分钟

[原料]

莲藕……300克
水发赤小豆……200克
芸豆……200克
姜片……少许

[调料]

盐……少许

[做法]

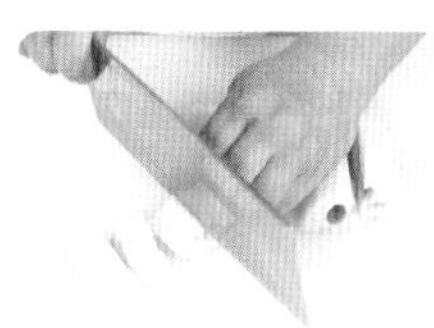

1 洗净去皮的莲藕切成块，待用。

2 砂锅注入适量清水，用大火烧热，倒入莲藕、芸豆、赤小豆、姜片，搅拌片刻。

3 盖上盖，煮开后转小火煮2小时至熟软。

4 掀开锅盖，加入少许盐，搅拌片刻，关火，将煮好的汤盛出装入碗中即可。

无敌畜肉

肉肉的好味道只有你懂得

肉是食肉一族的情人，食无肉，生活不知道会减少多少色彩和滋味。本章精选29道深受大众喜爱的肉类菜品，并详细介绍其制作方法，以供厨房新手学习。当你做出一两道肉类家常菜，然后把美味的肉塞入馋馋的嘴巴时，那满口的幸福与满足只有你懂得。

2人份 家乡肉

烹饪时间 3分钟

原料

五花肉……………250克
水发玉兰片………50克
豆豉………………15克
干辣椒……………15克
蒜末………………少许
姜片………………少许
葱段………………少许

调料

料酒………………5毫升
生抽………………4毫升
盐…………………2克
鸡粉………………2克
白糖………………2克
食用油……………适量

做法

1 处理好的五花肉去皮对半切开，切成片；洗净的玉兰片切小块，待用。

2 热锅注油烧热，倒入五花肉，炒至转色，放入干辣椒、豆豉，翻炒出香味。

3 加入葱段、蒜末、姜片、玉兰片，炒匀，淋入料酒，翻炒均匀。

4 淋入生抽，炒匀，加入盐、鸡粉、白糖，翻炒调味。

5 关火，将炒好的食材盛出，装入盘中即可。

鲜笋红烧肉

烹饪时间　52 分钟

[做法]

1 洗净的竹笋切片，倒入沸水锅中，汆 2 分钟，捞出待用。

2 往沸水锅中倒入切好的五花肉，汆约 2 分钟，捞出待用。

3 用油起锅，倒入冰糖，炒至冰糖化成焦糖汁，倒入汆好的五花肉，炒匀，加入适量清水、八角、姜片、葱段，炒匀。

4 用大火焖 30 分钟至五花肉微软，倒入汆好的笋片，加入生抽、盐，搅匀，焖至食材熟软入味。

5 加入鸡粉调味，炒至汤汁收浓，关火后盛出菜肴即可。

[原料]

五花肉……………200 克
去皮竹笋…………100 克
八角………………20 克
姜片………………少许
葱段………………少许

[调料]

冰糖………………30 克
盐…………………1 克
鸡粉………………1 克
生抽………………5 毫升
食用油……………适量

2人份 东北小炒肉

烹饪时间 13分钟

原料

芹菜……80克
五花肉……100克
蒜末……20克
红椒……50克
姜片……少许
葱段……少许

调料

五香粉……2克
鸡粉……2克
盐……3克
白糖……3克
料酒……4毫升
生抽……4毫升
老抽……3毫升
胡椒粉……适量
食用油……适量

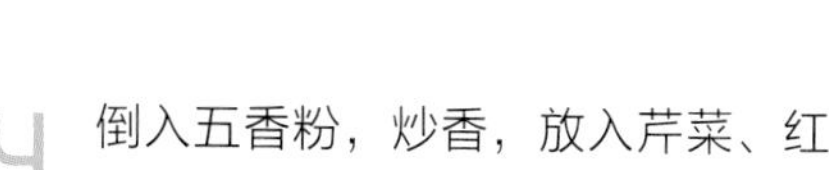

做法

1 洗好的芹菜切成段；洗净的红椒去籽，切长条，再切段。

2 处理好的五花肉切片，装入碗中，加适量料酒、盐、生抽、胡椒粉、老抽，拌匀，腌渍10分钟。

3 用油起锅，倒入五花肉，炒香，放入姜片、葱段，翻炒出香味。

4 倒入五香粉，炒香，放入芹菜、红椒，翻炒均匀。

5 加入盐、鸡粉、白糖，翻炒调味，放入蒜末，快速翻炒匀。

6 关火后将炒好的菜肴盛出装入盘中即可。

外婆红烧肉

烹饪时间 93分钟

做法

1 处理好的五花肉切成块，放入开水锅中，汆去血水，捞出，沥干待用。

2 热锅注油烧热，放入八角、葱段、姜片，爆香，放入五花肉，快速翻炒片刻。

3 淋入料酒、生抽，翻炒提鲜，加入适量清水、老抽、盐、白糖，炒匀，煮至汤汁沸腾。

4 盖上盖，焖1小时至食材熟软，揭盖，放入熟鸡蛋，稍稍搅拌，小火续焖30分钟。

5 加入鸡粉，搅拌片刻，倒入水淀粉，翻炒收汁，关火后盛出即可。

原料

五花肉……800克
去壳熟鸡蛋……4个
八角……适量
葱段……适量
姜片……适量

调料

料酒……5毫升
老抽……2毫升
盐……3克
白糖……4克
鸡粉……2克
生抽……4毫升
水淀粉……4毫升
食用油……适量

蕨菜炒肉末

烹饪时间 3分钟

原料

蕨菜..................210克
肉末..................120克
姜末..................少许
蒜末..................少许

调料

盐..................1克
鸡粉..................1克
料酒..................5毫升
生抽..................5毫升
水淀粉..................5毫升
食用油..................适量

做法

1 洗净的蕨菜切小段，倒入开水锅中，汆去黏质和涩味，捞出待用。

2 用油起锅，放入肉末，炒约半分钟至转色，加入蒜末、姜末，炒出香味。

3 加入料酒、生抽，放入汆烫好的蕨菜，翻炒数下。

4 加入盐、鸡粉，炒匀调味，加入水淀粉，翻炒均匀，关火后盛出即可。

浇汁小肉丸

烹饪时间　3 分钟

做法

1 择洗好的小白菜对半切开，倒入开水锅中，汆至断生，捞出，摆放在盘中四周，待用。

2 肉末倒入碗中，加入姜末、蒜末、盐、鸡粉、料酒、生抽、胡椒粉、五香粉、生粉，逆时针搅拌至上劲，将肉末捏成数个丸子。

3 锅中注油烧热，放入肉丸，炸至金黄色，捞出，摆放在小白菜中间。

4 热锅注水烧热，加入盐、鸡粉、生抽、白糖、水淀粉、芝麻油，拌匀，调成味汁。

5 关火，将调好的味汁盛出，浇在肉丸上即可。

原料

肉末……140 克
小白菜……80 克
生粉……50 克
姜末……少许
蒜末……少许

调料

芝麻油……3 毫升
水淀粉……4 毫升
白糖……2 克
胡椒粉……2 克
五香粉……2 克
鸡粉……3 克
盐……4 克
生抽……8 毫升
料酒……5 毫升
食用油……适量

干炸里脊

烹饪时间 13分钟

[原料]

猪里脊肉…………170克
生粉…………40克
鸡蛋…………1个

[调料]

盐…………1克
鸡粉…………1克
胡椒粉…………1克
料酒…………5毫升
味椒盐…………适量
食用油…………适量

[做法]

1 洗净的猪里脊肉切厚片，再切条，装入碗中，加入料酒、盐、胡椒粉、鸡粉，拌匀，腌渍10分钟至入味。

2 鸡蛋打入碗中，倒入生粉，拌匀，注入15毫升凉开水，拌成面糊。

3 往面糊中倒入腌好的里脊肉，搅拌至里脊肉均匀裹上面糊，待用。

4 锅中注油烧至六成热，放入里脊肉，炸约2分钟至成金黄色，关火后捞出里脊肉，待用。

5 取小碟装味椒盐，食用炸里脊肉时蘸取即可。

芋头排骨煲

烹饪时间 32分钟

[原料]

芋头.............400克
排骨.............250克
葱花................适量

[调料]

盐.....................2克

[做法]

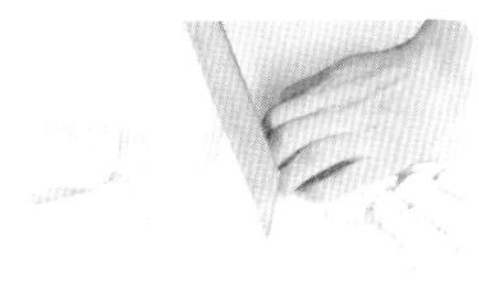

1 洗净去皮的芋头切厚片，切条，改切成丁。

2 锅中注水烧开，倒入备好的排骨，汆去杂质，捞出。

3 另起一锅，注入适量清水，大火烧热，倒入排骨。

4 盖上盖，大火煮开后改用小火焖20分钟，至排骨熟软。

5 揭开盖，倒入芋头块，搅拌匀，小火续焖10分钟至芋头熟透。

6 揭开盖，加入盐，搅拌调味，关火后盛出食材，撒上葱花即可。

4 人份

五花肉炒黑木耳

烹饪时间 5分钟

做法

1 洗净的香芹切小段，红彩椒切滚刀块，五花肉切薄片。

2 热锅注油，倒入五花肉，煎炒 2 分钟至油脂析出，倒入蒜块、葱段，炒匀。

3 放入豆瓣酱，稍炒均匀，放入泡好的黑木耳，炒匀，加入生抽。

4 倒入切好的红彩椒、香芹，翻炒 1 分钟至熟。

5 加入盐、鸡粉，炒匀至入味，用水淀粉勾芡，翻炒至收汁。

6 关火后盛出菜肴，装盘即可。

原料

五花肉……350 克
水发黑木耳……200 克
红彩椒……40 克
香芹……55 克
蒜块……少许
葱段……少许

调料

豆瓣酱……35 克
盐……1 克
鸡粉……1 克
生抽……5 毫升
水淀粉……5 毫升
食用油……适量

胡萝卜片小炒肉

烹饪时间　6 分钟

[原料]

五花肉……………300 克
去皮胡萝卜………190 克
蒜苗……………………40 克
香菜……………………少许

[调料]

豆瓣酱…………………30 克
生抽…………………5 毫升
料酒…………………5 毫升
白糖……………………2 克
鸡粉……………………2 克
食用油………………适量

[做法]

1 洗净的五花肉去皮，切薄片；胡萝卜去皮，切片；蒜苗切段。

2 热锅注油，倒入五花肉，煎炒约 2 分钟至其边缘微微焦黄，放入豆瓣酱，炒匀。

3 加入胡萝卜，稍炒片刻，淋入料酒，加入生抽、鸡粉、白糖，炒匀。

4 倒入蒜苗，翻炒 2 分钟至熟软，关火后盛出菜肴，装盘，点缀上香菜即可。

肉末蒸干豆角

烹饪时间　21 分钟

[原料]

肉末………………100 克
水发干豆角………100 克
生粉………………10 克
葱花…………………3 克
蒜末…………………5 克
姜末…………………5 克

[调料]

盐……………………2 克
生抽………………8 毫升
料酒………………5 毫升

[做法]

1 泡好的干豆角切碎，装碗待用。

2 往肉末中加入料酒、生抽、盐、蒜末、姜末，搅拌均匀，腌渍 10 分钟至肉末入味。

3 往腌渍好的肉末中放入生粉，搅拌均匀。

4 将拌好的肉末放入切碎的干豆角中，拌匀后盛入蒸盘中，稍稍压制成肉饼。

5 取出已烧开水的电蒸锅，放入食材，盖上盖，蒸 10 分钟至熟。

6 揭开盖，取出肉末蒸干豆角，撒上葱花即可。

湘西腊肉炒蕨菜

烹饪时间 8分钟

[做法]

1 将洗净的腊肉切成片，洗净的蕨菜切成段。

2 锅中注水烧开，放入腊肉，汆去多余盐分，捞出腊肉，沥干待用。

3 用油起锅，放入八角、桂皮，炒香，放入干辣椒、姜末、蒜末，炒匀。

4 倒入腊肉，炒香，放生抽，炒匀，加入蕨菜，炒匀。

5 加适量清水，放少许盐，盖上盖子，中火焖5分钟。

6 揭盖，放鸡粉，炒匀，将菜肴盛出，装盘即可。

[原料]

腊肉……200克
蕨菜……240克
干辣椒……适量
八角……适量
桂皮……适量
姜末……少许
蒜末……少许

[调料]

盐……2克
鸡粉……2克
生抽……4毫升
食用油……适量

猪肝米丸子

烹饪时间　20 分钟

[原料]

猪肝……140 克
米饭……200 克
水发香菇……45 克
洋葱……30 克
胡萝卜……40 克
蛋液……50 克
面包糠……适量

[调料]

盐……2 克
鸡粉……2 克
食用油……适量

扫一扫，看视频

[做法]

1 将洗净的猪肝放入蒸锅中，蒸约 15 分钟至熟透，取出待用。

2 把洗净去皮的胡萝卜切成丁，香菇切小块，洋葱切成碎末，放凉的猪肝切成末。

3 用油起锅，倒入胡萝卜丁、香菇丁，炒匀，撒上洋葱末、猪肝末，炒匀。

4 加少许盐、鸡粉，炒匀，倒入米饭，翻炒至米饭松散，关火，盛出食材。

5 待凉后将食材制成数个丸子，依次滚上蛋液、面包糠，制成米丸子生坯，待用。

6 热锅注油烧热，放入米丸子，用中小火炸约 2 分钟，至其呈金黄色，捞出，沥干油，装盘即可。

青豆烧肥肠

烹饪时间　12 分钟

[做法]

1 备好的熟肥肠切成小段，泡朝天椒切成圈。

2 热锅注油烧热，倒入泡朝天椒、豆瓣酱，炒香，倒入姜片、蒜末、葱段，翻炒片刻。

3 倒入熟肥肠、青豆，翻炒片刻，淋入少许料酒、生抽，翻炒匀。

4 注入适量清水，加入盐，搅匀调味，盖上盖，中火煮 10 分钟至入味。

5 掀开盖，加入少许鸡粉、花椒油，翻炒提鲜，使食材更入味，关火后盛出即可。

[原料]

熟肥肠…………250 克
青豆…………200 克
泡朝天椒…………40 克
姜片…………少许
蒜末…………少许
葱段…………少许

[调料]

豆瓣酱…………30 克
盐…………2 克
鸡粉…………2 克
料酒…………5 毫升
花椒油…………4 毫升
生抽…………4 毫升
食用油…………适量

辣白菜炒肥肠

烹饪时间　3 分钟

做法

1 洋葱切块，卤肥肠切小段，待用。

2 用油起锅，倒入切好的卤肥肠，翻炒约 1 分钟至油分析出。

3 倒入切好的洋葱，加入蒜末、姜片，翻炒均匀。

4 加入料酒、生抽，倒入辣白菜，翻炒 1 分钟至入味。

5 加入鸡粉，炒匀调味，关火后装盘即可。

原料

卤肥肠……180 克
辣白菜……155 克
洋葱……55 克
蒜末……少许
姜片……少许

调料

鸡粉……1 克
生抽……5 毫升
料酒……5 毫升
食用油……适量

麻辣肚丝

烹饪时间　2分钟

原料

熟猪肚……………320克
葱花…………………10克
蒜末…………………7克
香菜…………………5克

调料

四川麻辣酱…………35克
辣椒油……………5毫升
花椒油……………5毫升

做法

1 熟猪肚切成丝，待用。

2 熟猪肚丝放入备好的碗中。

3 加入葱花、蒜末、四川麻辣酱、辣椒油、花椒油，拌匀。

4 将拌匀入味的猪肚丝放入备好的盘中，放上香菜即可。

回锅牛肉

烹饪时间　5 分钟

[原料]

熟牛肉……180 克
红椒……20 克
蒜苗……15 克
洋葱……40 克
姜片……少许

[调料]

甜面酱……25 克
生抽……5 毫升
鸡粉……3 克
盐……3 克
食用油……适量

[做法]

1 洗净的洋葱对半切开成小块，红椒切成小块，蒜苗切成段。

2 备好的熟牛肉对半切开，改切成薄片，待用。

3 热锅注油烧热，倒入甜面酱、姜片、洋葱，炒香。

4 倒入红椒、牛肉片，炒匀，加入 30 毫升清水，拌匀。

5 加入生抽、鸡粉，炒匀，倒入蒜苗，加入盐，充分炒匀至入味。

6 关火，将炒好的菜肴盛出，装入盘中即可。

笋干烧牛肉

烹饪时间　19 分钟

[做法]

1 将笋干切块，蒜苗斜刀切段，牛肉切片。

2 热水锅中倒入笋干，汆去异味，捞出待用。

3 往牛肉中加入盐、鸡粉、料酒、胡椒粉、水淀粉，拌匀，腌渍 10 分钟。

4 另起锅，注入适量油，倒入腌好的牛肉，滑油 2 分钟，捞出。

5 用油起锅，倒入姜片、干辣椒，爆香，倒入笋干、牛肉，炒至食材熟透。

6 加入生抽、盐、鸡粉、白糖，倒入蒜苗，翻炒 2 分钟，用水淀粉勾芡，炒匀后盛出即可。

[原料]

牛肉……………300 克
水发笋干………150 克
蒜苗……………50 克
干辣椒…………15 克
姜片……………少许

[调料]

盐………………2 克
鸡粉……………2 克
白糖……………2 克
胡椒粉…………3 克
料酒……………3 毫升
生抽……………5 毫升
水淀粉…………5 毫升
食用油…………适量

苦瓜牛柳

烹饪时间　16 分钟

[原料]

牛肉……………………80 克
苦瓜……………………120 克
姜片……………………少许
蒜片……………………少许
葱段……………………少许
朝天椒…………………20 克
豆豉……………………40 克

[调料]

盐………………………2 克
鸡粉……………………2 克
胡椒粉…………………2 克
料酒……………………5 毫升
水淀粉…………………5 毫升
芝麻油…………………5 毫升
食用油…………………适量

扫一扫，看视频

[做法]

1 洗净的朝天椒斜刀切圈；苦瓜切开去籽，去瓤，改切成短条。

2 洗净的牛肉切条，加适量盐、鸡粉、胡椒粉、料酒，拌匀，腌渍 10 分钟。

3 开水锅中倒入腌好的牛肉，汆去血水，捞出待用。

4 热锅注油烧热，倒入葱段、姜片、蒜片、朝天椒、豆豉，爆香。

5 倒入苦瓜条，炒匀，注入适量清水，拌匀，倒入牛肉，炒匀。

6 再次注入少许清水，放入盐、鸡粉、水淀粉、芝麻油，充分拌匀入味，关火后盛出即可。

清蒸牛肉丁

烹饪时间 28 分钟

做法

1 洗净的牛肉切丁，装碗，放入姜片、生抽、香叶、干辣椒、花椒、五香粉，拌匀，腌渍 15 分钟。

2 将腌好的牛肉丁装盘，置于烧开的电蒸锅中，加盖，蒸 10 分钟至熟。

3 揭盖，取出蒸好的牛肉丁，将蒸出来的牛肉汤汁倒入碗中。

4 锅置火上，注入少许清水烧开，倒入牛肉汤汁，煮至沸腾。

5 倒入水淀粉，搅匀至汤汁浓稠。

6 将浓稠汤汁浇在牛肉上，撒上葱花即可。

原料

牛肉……150 克
姜片……8 克
香叶……2 片
花椒……2 克
干辣椒……3 克
葱花……3 克

调料

生抽……10 毫升
水淀粉……15 毫升
五香粉……2 克

杏鲍菇炒牛肉丝

烹饪时间　16 分钟

原料

杏鲍菇……110 克
牛肉……230 克
圆椒……80 克
姜片……10 克
葱段……10 克
蒜末……10 克

调料

料酒……8 毫升
生抽……8 毫升
盐……3 克
鸡粉……3 克
胡椒粉……2 克
白糖……2 克
水淀粉……4 毫升
食用油……适量

做法

1 洗净的杏鲍菇切段，圆椒切成条，待用。

2 牛肉切丝，装碗，加料酒、盐、鸡粉、胡椒粉、生抽、水淀粉，搅匀，腌渍 10 分钟。

3 开水锅中倒入杏鲍菇，汆至断生，捞出待用，再倒入牛肉丝，汆至转色，捞出。

4 用油起锅，倒入葱段、姜片、蒜末，爆香，倒入牛肉丝，快速翻炒至牛肉转色。

5 倒入杏鲍菇、圆椒，翻炒均匀。

6 放入料酒、生抽，炒匀，加盐、鸡粉、白糖，翻炒调味，将炒好的菜盛入盘中即可。

葱爆羊肉卷

烹饪时间 15 分钟

[做法]

1 洗净的大葱滚刀切小块；羊肉卷切成条，装碗，加料酒、生抽、胡椒粉、盐、水淀粉，拌匀，腌渍 10 分钟。

2 锅中注水烧开，倒入腌好的羊肉，汆去杂质，将羊肉捞出，沥干待用。

3 用油起锅，倒入大葱、羊肉，翻炒出香味，放入蚝油、生抽，翻炒均匀。

4 加入盐、鸡粉，快速翻炒至入味，倒入香菜，翻炒片刻至熟。

5 关火后将炒好的菜肴盛出，装入盘中即可。

[原料]

羊肉卷……200 克
大葱……70 克
香菜……30 克

[调料]

料酒……6 毫升
生抽……8 毫升
水淀粉……3 毫升
盐……4 克
蚝油……4 克
鸡粉……2 克
食用油……适量
胡椒粉……适量

羊肉烧土豆

烹饪时间 43分钟

做法

1 锅中注入适量清水，大火烧开，倒入处理好的羊肉，汆去杂质，捞出，沥干待用。

2 用油起锅，倒入蒜末、葱段，爆香，加入汆好的羊肉，快速翻炒匀。

3 淋入料酒、生抽，炒匀，加入清水，搅拌匀，大火煮开。

4 盖上盖，中火焖20分钟，揭盖，放入土豆、胡萝卜，搅拌片刻。

5 放入盐，搅拌调味，再焖20分钟至食材熟烂。

6 揭盖，加入鸡粉，搅拌片刻，用水淀粉收汁，盛出，撒上香菜即可。

原料

羊肉……300克
土豆块……150克
胡萝卜块……30克
大葱段……12克
香菜……4克
蒜末……5克

调料

料酒……5毫升
盐……3克
鸡粉……2克
生抽……4毫升
水淀粉……4毫升
食用油……适量

青椒炒羊腰

烹饪时间 7分钟

[做法]

1 洗净去皮的胡萝卜切片，青椒切片，红椒切片。

2 洗净的羊腰切开，用剪刀剪去臊筋，打上花刀，切成片，倒入沸水锅中，汆去血水后捞出。

3 用油起锅，倒入姜片、葱段、蒜末，爆香，倒入胡萝卜片、羊腰，翻炒片刻，放入青椒、红椒，炒匀。

4 加入料酒、生抽，注入少许清水，炒匀，加入盐、鸡粉调味。

6 淋入水淀粉勾芡，加入辣椒油，翻炒均匀，关火后盛出即可。

[原料]

青椒……30克
红椒……30克
羊腰……150克
胡萝卜……20克
姜片……少许
葱段……少许
蒜末……少许

[调料]

盐……2克
鸡粉……2克
料酒……4毫升
生抽……5毫升
辣椒油……适量
水淀粉……适量
食用油……适量

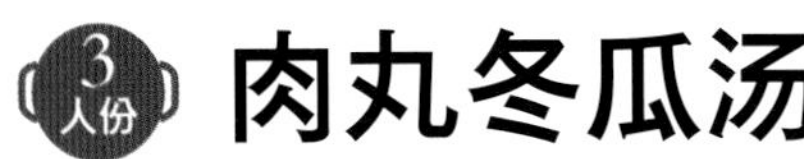

肉丸冬瓜汤

烹饪时间 15 分钟

原料

冬瓜……235 克
肉末……150 克
生粉……40 克
姜片……少许
蒜末……少许
葱花……少许

调料

盐……3 克
鸡粉……3 克
料酒……5 毫升
芝麻油……5 毫升
胡椒粉……适量

做法

1 洗净去皮的冬瓜切成片状，待用。

2 往肉末中放入适量盐、鸡粉、胡椒粉、料酒、生粉、蒜末、葱花，搅拌匀，腌渍 10 分钟。

3 锅中注水烧开，倒入姜片、冬瓜片，搅拌匀，煮至沸。

4 将腌渍好的肉末捏制成丸子，放入沸水中，煮至丸子浮起。

5 加入盐、鸡粉、胡椒粉、芝麻油，搅拌片刻，煮至食材入味。

6 关火后将煮好的汤盛出，装入碗中即可。

骨头汤

烹饪时间 1小时3分钟

原料

猪大骨……850克
姜片……少许
葱花……少许

调料

盐……2克
鸡粉……2克
胡椒粉……少许

扫一扫，看视频

做法

1 锅中注水烧开，倒入洗净的猪大骨，汆去血水和杂质，捞出猪骨，沥干待用。

2 砂锅中注入适量清水烧开，倒入猪大骨、姜片，搅拌匀。

3 盖上盖，大火煮开后转小火炖1小时。

4 揭盖，加入盐、鸡粉、胡椒粉，搅拌调味，盛出装碗，撒上葱花即可。

萝卜水芹猪骨汤

烹饪时间 45 分钟

[做法]

1 白萝卜切片，对半切开，改切成小扇形块；洗净的水芹切小段。

2 洗好的猪排骨斩成块，装碗，加少许盐、胡椒粉，拌匀，腌渍 10 分钟至入味。

3 砂锅中注水烧开，放入腌好的排骨块、切好的白萝卜、姜片、料酒，搅匀，煮至汤汁沸腾，掠去浮沫。

4 用小火炖 30 分钟至食材熟软，加入适量盐、胡椒粉，搅匀调味。

5 放入水芹，搅匀，续煮片刻至食材熟软，关火后盛出汤品，装入小砂锅中即可。

[原料]

猪排骨……140 克
去皮白萝卜……150 克
水芹……15 克
姜片……少许

[调料]

料酒……6 毫升
盐……3 克
胡椒粉……4 克

西红柿牛肉汤

烹饪时间 1 小时 8 分钟

[原料]

牛腩 ....155 克
西红柿 ....80 克
八角 ....15 克
葱花 .... 少许
姜片 .... 少许

[调料]

盐 ....2 克
鸡粉 ....2 克
白胡椒粉...........2 克
料酒 .... 5 毫升

[做法]

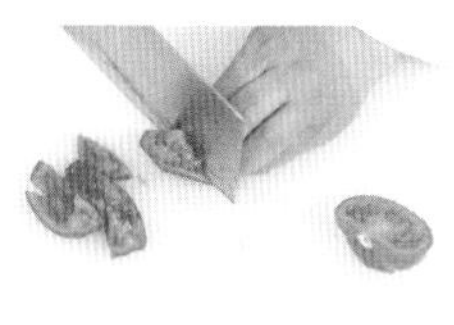

1 牛腩切小块，洗净的西红柿切小块，待用。

2 砂锅注水烧开，倒入八角、牛腩块、姜片、料酒。

3 盖上锅盖，调小火煮 1 小时至牛肉熟透。

4 掀开锅盖，倒入切好的西红柿块，搅拌匀，再续煮 5 分钟。

5 加入盐、鸡粉、白胡椒粉，搅拌调味。

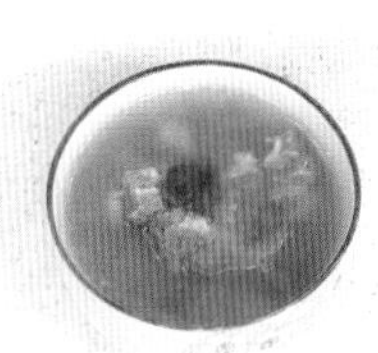

6 关火后将煮好的汤盛入碗中，撒上葱花即可。

排骨玉米莲藕汤

烹饪时间　2 小时 5 分钟

原料

排骨块……300 克
玉米……100 克
莲藕……110 克
胡萝卜……90 克
香菜……少许
姜片……少许
葱段……少许

调料

盐……2 克
鸡粉……2 克
胡椒粉……2 克

扫一扫，看视频

做法

1 处理好的玉米切成小块；胡萝卜去皮，切滚刀块；莲藕去皮，切成块。

2 锅中注水烧开，倒入洗净的排骨块，搅拌匀，汆去血水，捞出待用。

3 砂锅中注入适量清水烧热，倒入排骨块、莲藕、玉米、胡萝卜，加入葱段、姜片，拌匀，煮至沸。

4 盖上锅盖，转小火煮 2 个小时至食材熟透，掀开锅盖，加入盐、鸡粉、胡椒粉，搅拌调味。

5 关火后将煮好的汤盛入碗中，放上香菜即可。

百味禽蛋

——让人食指大动的飘香美味

这一章是禽肉和蛋类的天下，它们用其与生俱来的独特魅力，在百姓的餐桌上赢得了一席之地。对于现今都市生活中的亚健康一族，利用独特的烹调要诀做出具有食补功效的禽蛋佳肴，是改善体质的自然疗法。而且，在家亲手烹制色香味俱佳的蛋禽美食，不仅是一场味觉享受，更是一种生活态度。

2人份

酱爆鸡丁

烹饪时间　12分钟

原料

鸡胸肉……120克
黄瓜……75克
鸡蛋清……20克
生粉……20克
姜片……少许
葱段……少许

调料

盐……1克
鸡粉……2克
白糖……3克
料酒……5毫升
水淀粉……5毫升
食用油……适量
甜面酱……30克

做法

1 将洗净的鸡胸肉切丁，洗好的黄瓜切丁。

2 将鸡肉丁装碗，加盐、鸡粉、料酒、鸡蛋清、生粉，拌匀，腌至入味。

3 热锅注油，烧至六成热，倒入鸡肉丁，滑油至外表微黄焦香，捞出。

4 沸水锅中倒入黄瓜丁，汆至断生，捞出，沥干水分，装盘待用。

5 用油起锅，爆香姜片、葱段，放入甜面酱，注入适量清水，炒匀。

6 倒入鸡肉丁、黄瓜丁，加入鸡粉、白糖，炒匀，用水淀粉收汁，盛出即可。

青椒豆豉炒鸡脆骨

烹饪时间　5 分钟

做法

1 洗净的青椒切成圈，洗净的红椒切成圈，待用。

2 热锅注油烧热，放入蒜片、葱花、姜片、豆豉，炒香。

3 放入鸡脆骨，快速翻炒片刻，淋入料酒，炒香提鲜。

4 倒入生抽、青椒、红椒，翻炒均匀。

5 加入盐、鸡粉，翻炒调味。

6 关火后将炒好的菜肴盛出，装入盘中即可。

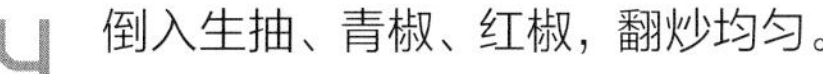

原料

鸡脆骨……300 克
青椒……80 克
红椒……15 克
豆豉……10 克
葱花……7 克
蒜片……7 克
姜片……5 克

调料

盐……3 克
鸡粉……3 克
生抽……3 毫升
料酒……适量
食用油……适量

芦笋彩椒鸡柳

烹饪时间　15 分钟

[原料]

鸡胸肉……250 克
红彩椒……60 克
黄彩椒……60 克
去皮芦笋……50 克
蒜末……少许
姜片……少许

[调料]

盐……3 克
胡椒粉……3 克
水淀粉……5 毫升
料酒……5 毫升
生抽……5 毫升
食用油……适量

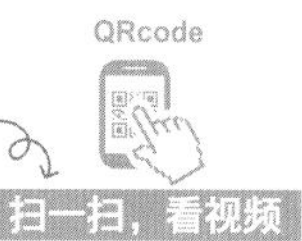

[做法]

1 洗净的黄彩椒去籽切条，红彩椒去籽切条，芦笋切段。

2 鸡胸肉切条，装碗，加盐、料酒、生抽、胡椒粉，腌 10 分钟。

3 热锅注油烧热，倒入鸡胸肉，炒匀，倒入蒜末、姜片，炒香。

4 倒入黄彩椒、红彩椒、芦笋，炒匀。

5 注入 50 毫升水，煮至锅中沸腾。

6 加入盐、水淀粉，拌至入味，关火盛出即可。

荷香糯米鸡

烹饪时间 50分钟

做法

1 洗净的鸡中翅两面各切上两道一字刀，泡好的香菇切条。

2 将鸡翅装碗，放入老抽、生抽、盐、八角、香菇、葱段、姜丝，腌至入味。

3 腌好的鸡翅中倒入泡好的糯米，搅拌均匀。

4 将洗净的荷叶摊在盘子上，倒入拌好的食材，包好。

5 备好已注水烧开的电蒸锅，放入食材，加盖，蒸30分钟至熟。

6 揭盖，取出蒸好的糯米鸡，食用时用剪刀剪开荷叶即可。

原料

糯米……150克
鸡中翅……250克
荷叶……半张
八角……1个
水发香菇……30克
葱段……5克
姜丝……5克

调料

盐……2克
生抽……5毫升
老抽……2毫升

清蒸仔鸡

3人份

烹饪时间 35分钟

[原料]

童子鸡块............400克
去皮冬笋..............90克
水发香菇..............60克
金华火腿..............50克
葱段...................... 少许
姜片...................... 少许

[调料]

盐..........................3克
鸡粉......................3克
白胡椒粉................3克
料酒...................5毫升

[做法]

1 冬笋切片；火腿切片；泡发好的香菇切去柄部，斜刀对半切开。

2 沸水锅中倒入洗净的鸡肉块，汆去血水，捞出待用。

3 往鸡肉块中加入香菇、火腿片、冬笋、葱段、姜片。

4 加入盐、鸡粉、白胡椒粉、料酒，注入清水，用保鲜膜封好。

5 电蒸锅注水烧开，放入食材，加盖蒸半个小时，取出撕去保鲜膜即可。

水蒸鸡全翅

烹饪时间　27 分钟

[原料]

鸡全翅..........250 克
葱花................少许
姜片................少许

[调料]

盐....................2 克
料酒............5 毫升

[做法]

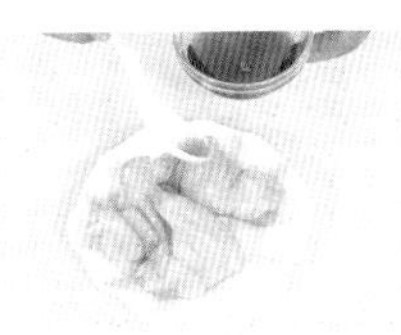

1 洗净的鸡全翅中加入盐、料酒。

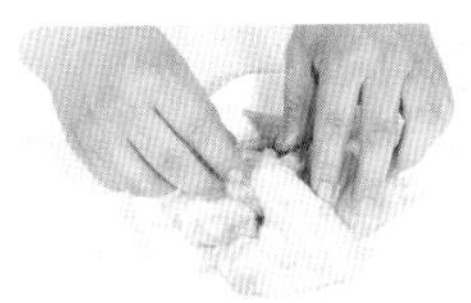

2 将材料拌匀，腌渍 10 分钟至去腥提鲜。

3 在腌好的鸡翅上放上姜片。

4 电蒸锅注水烧开，放入腌好的鸡翅。

5 盖上盖，蒸 15 分钟至熟透。

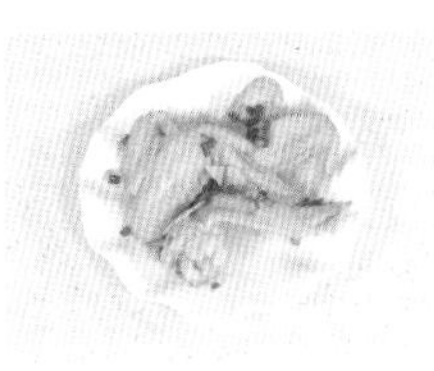

6 揭开盖，取出鸡翅，撒上备好的葱花即可。

家常板栗烧鸡腿

烹饪时间　12 分钟

[原料]

板栗仁……100 克
鸡腿块……200 克
青椒……60 克
红椒……70 克
葱段……少许
姜片……少许
蒜末……少许

[调料]

料酒……5 毫升
生抽……5 毫升
老抽……5 毫升
水淀粉……5 毫升
盐……3 克
鸡粉……3 克
食用油……适量

[做法]

1 洗净的青椒去籽切块，洗净的红椒去籽切块。

2 沸水锅中倒入洗净的鸡腿块，汆去血水，捞出待用。

3 热锅注油烧热，爆香姜片、葱段、蒜末，倒入鸡腿块、料酒、生抽，拌匀。

4 加入板栗仁，注入清水，淋上老抽，撒上盐，拌匀。

5 加盖，大火煮开后转小火煮 7 分钟，揭盖，倒入青椒、红椒，炒拌。

6 加入鸡粉，用水淀粉勾芡至入味，关火后将菜肴盛入盘中即可。

2人份 五香酱鸭

烹饪时间　2 小时 45 分钟

[做法]

1 锅中注水烧开，倒入处理好的鸭肉块，汆去血水，捞出待用。

2 热锅注油烧热，倒入清水、冰糖，煮成焦糖色，注水，煮至沸腾。

3 倒入鸭肉块、小葱、姜片、八角、丁香、香叶、草果、花椒，拌匀。

4 淋入料酒、生抽、老抽，放入盐，搅匀。

5 盖上盖，煮开后转小火煮 40 分钟至熟透，揭盖，加入鸡粉调味。

6 将鸭肉连汤汁一起盛入碗中，浸泡 2 个小时后捞出，加上汤汁即可。

[原料]

鸭肉块……220 克
花椒粒……10 克
草果……适量
香叶……适量
丁香……适量
八角……适量
姜片……适量
小葱……适量

[调料]

料酒……5 毫升
生抽……4 毫升
老抽……2 毫升
盐……3 克
鸡粉……2 克
食用油……适量
冰糖……40 克

麻辣鸭翅

烹饪时间　35 分钟

[原料]

鸭翅……………… 300 克
麻辣卤水……… 1000 毫升
葱花…………………… 少许

1 洗净的锅置火上烧热，倒入麻辣卤水，稍煮片刻。

2 放入处理干净的鸭翅，搅匀。

3 加盖，用大火煮开后转小火卤 30 分钟至熟软入味。

4 揭盖，将卤好的鸭翅摆盘，撒上葱花，浇上卤汁即可。

啤酒烧鸭

烹饪时间 14分钟

[原料]

鸭肉块……250克
啤酒……100毫升
姜片……少许
葱花……少许

[调料]

生抽……6毫升
盐……2克
鸡粉……2克
食用油……适量
冰糖……50克
豆瓣酱……40克

[做法]

1 锅中注入适量清水，大火烧开。

2 倒入鸭肉块，汆去血水，捞出，沥干水分，待用。

3 热锅注油烧热，爆香姜片，倒入鸭肉块、冰糖，炒至冰糖融化。

4 放入豆瓣酱，倒入啤酒，搅拌匀，淋入生抽，拌匀。

5 盖上盖，大火煮开后转小火煮10分钟。

6 揭盖，加入盐、鸡粉，翻炒调味，关火后将鸭肉块盛出，撒上葱花即可。

粉蒸鸭肉

烹饪时间 32分钟

原料

鸭肉……350克
蒸肉米粉……50克
水发香菇……110克
葱花……少许
姜末……少许

调料

盐……1克
甜面酱……30克
五香粉……5克
料酒……5毫升

做法

1 取一个蒸碗，放入鸭肉，加入盐、五香粉、料酒、甜面酱。

2 倒入香菇、葱花、姜末，加入蒸肉米粉，搅拌均匀。

3 将蒸碗放入已上火烧开的蒸锅中。

4 盖上锅盖，大火蒸30分钟至熟透。

5 揭盖，将鸭肉取出，扣在盘中即可。

小炒腊鸭肉

烹饪时间　4分钟

做法

1 洗净的红椒去籽切块，洗净的青椒去籽切块，洗净的青蒜切段。

2 锅中注水烧开，倒入腊鸭，汆片刻，捞入盘中待用。

3 用油起锅，倒入花椒、朝天椒、姜片，爆香。

4 放入腊鸭、青椒、红椒，炒匀。

5 加入料酒、生抽、鸡粉、白糖，炒匀。

6 放入青蒜，翻炒至熟透入味，装入盘中即可。

原料

腊鸭……300克
红椒……30克
青椒……60克
青蒜……15克
花椒……5克
姜片……5克
朝天椒……5克

调料

鸡粉……2克
白糖……3克
料酒……5毫升
生抽……5毫升
食用油……适量

时蔬鸭血

烹饪时间　5 分钟

[原料]

鸭血……………300 克
去皮胡萝卜………50 克
黄瓜………………60 克
水发黑木耳………40 克
蒜末……………… 少许
葱段……………… 少许
姜片……………… 少许

[调料]

生抽………………5 毫升
料酒………………5 毫升
芝麻油……………5 毫升
水淀粉……………5 毫升
盐…………………3 克
鸡粉………………3 克
食用油…………… 适量

[做法]

1 洗净的黄瓜切片，胡萝卜切片，鸭血切成厚片。

2 沸水锅中倒入鸭血，汆去血腥味，盛入盘中待用。

3 热锅注油烧热，倒入葱段、姜片、蒜末，爆香。

4 倒入黑木耳、鸭血、胡萝卜，加入生抽、料酒，炒匀。

5 倒入黄瓜，注入 50 毫升清水，加入盐、鸡粉、水淀粉、芝麻油。

6 充分拌匀至入味，关火后，将炒好的菜肴盛入盘中即可。

香芋蒸鹅

烹饪时间　47 分钟

[做法]

1 洗净去皮的芋头切块，装碗，放入料酒、姜片、生抽、鸡粉。

2 加入盐、蚝油，注入食用油，拌匀，腌渍约 15 分钟。

3 鹅肉中加入蒸肉米粉，搅拌一会儿，使食材混合均匀。

4 取一蒸盘，放入芋头块，铺上青蒜叶，再盛入搅拌好的食材，摆好盘。

5 备好电蒸锅，烧开水后放入蒸盘，加盖蒸约 30 分钟，至食材熟透，揭盖，取出蒸盘，趁热撒上香菜碎即可。

[原料]

鹅块..................400 克
芋头..................200 克
蒸肉米粉..............60 克
青蒜叶................10 克
姜片....................5 克
香菜碎..................5 克

[调料]

盐.......................3 克
蚝油....................3 克
鸡粉....................2 克
料酒.................8 毫升
生抽.................8 毫升
食用油................适量

尖椒木耳炒蛋

烹饪时间 5分钟

做法

1 洗净去柄的青椒去籽切块，洗净去柄的红椒去籽切块。

2 用油起锅，将鸡蛋搅成蛋液，倒入锅中，炒至蛋液凝固，盛出待用。

3 洗净的锅中注油烧热，爆香蒜片和葱段，倒入泡好的木耳，翻炒数下。

4 加入青椒块、红椒块，翻炒至断生，倒入鸡蛋，炒匀，注水至没过锅底。

5 加入盐、鸡粉，炒匀调味。

6 关火后盛出菜肴，装盘即可。

原料

鸡蛋……100克
水发木耳……100克
红椒……40克
青椒……40克
葱段……少许
蒜片……少许

调料

盐……1克
鸡粉……1克
食用油……适量

韭菜鸡蛋灌饼

烹饪时间　8分钟

[做法]

1 韭菜切碎，倒入蛋液中，加入盐、鸡粉，搅拌成韭菜蛋液。

2 取190克面粉倒入碗中，分次加入100毫升的90℃的水，拌匀，揉搓成纯滑面团。

3 用擀面杖擀成面皮，加食用油、盐、五香粉、面粉，抹匀，卷成团，压平，再次擀成面皮。

4 用油起锅，放入面皮煎至两面焦黄。

5 待面皮上层鼓起，在表面划开一道口，灌入韭菜蛋液，压平，翻面，淋入食用油续煎至能轻松滑动灌饼，盛出，切成四块，装盘即可。

[原料]

韭菜……85克
面粉……200克
鸡蛋液……70克

[调料]

盐……4克
鸡粉……2克
五香粉……2克
食用油……适量

酱鹌鹑蛋

烹饪时间 32分钟

[原料]

去壳熟鹌鹑蛋 90克

[调料]

生抽 5毫升

[做法]

1 锅中注入适量清水，倒入鹌鹑蛋。

2 淋入生抽，搅匀。

3 加盖，用大火煮开后转小火焖30分钟至入味。

4 揭盖，将焖好的鹌鹑蛋装碗即可。

1人份 豆角叶鸡蛋饼

烹饪时间 4分钟

原料

豆角叶…………20克
鸡蛋液…………40克
面粉……………50克

调料

盐…………………3克
鸡粉………………3克
白胡椒粉…………3克
食用油…………适量

做法

1 洗净的豆角叶对半切开，改切成小碎片。

2 碗中加入面粉、鸡蛋液、豆角叶。

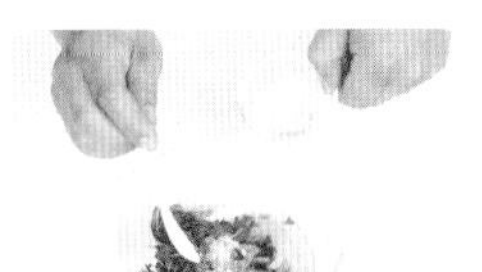

3 加入盐、鸡粉、白胡椒粉。

4 注入50毫升水，拌至黏稠。

5 热锅注油烧热，倒入面糊，平铺成饼状，煎成焦黄色。

6 将鸡蛋饼捞出，切成三角形，放入盘中即可。

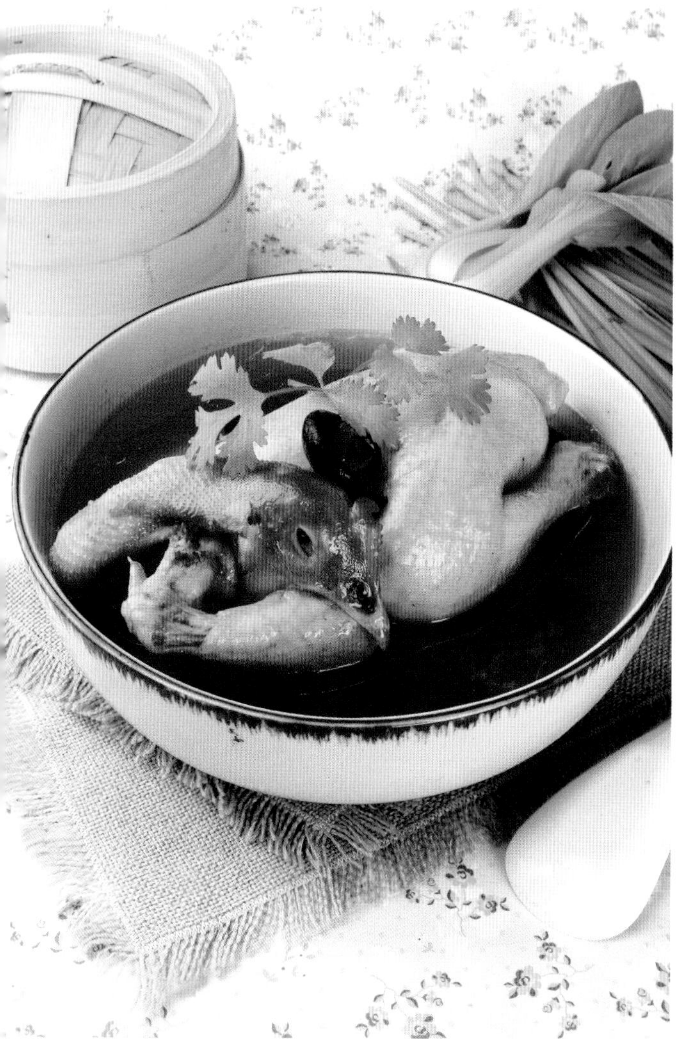

清炖全鸡

烹饪时间　2 小时 2 分钟

原料

鸡肉……2000 克
水发香菇……40 克
水发木耳……30 克
香菜……适量
姜片……适量

调料

盐……3 克
胡椒粉……3 克
鸡粉……4 克
料酒……8 毫升

做法

1 将处理干净的全鸡剪去趾甲。

2 将鸡脚塞入鸡肚，鸡翅膀塞到鸡脖子下面，盘好。

3 将鸡装碗，注水，加入姜片、香菇、木耳。

4 放入盐、料酒、胡椒粉、鸡粉，用保鲜膜封住，待用。

5 取蒸笼屉，放入鸡，安放在已烧开的电蒸锅上。

6 盖上盖，蒸 2 小时至食材熟透，揭盖，将鸡取出，撕去保鲜膜，放上香菜即可。

肉松鸡蛋羹

烹饪时间　12 分钟

做法

1 取茶杯或碗，打入鸡蛋，加入盐，注入 30 毫升水，搅成蛋液，封上保鲜膜，待用。

2 锅中放入蒸盘，注入适量清水烧开，放上蛋液。

3 加盖，用大火蒸 10 分钟成蛋羹，揭盖，用夹子取出蒸好的蛋羹。

4 撕开保鲜膜，在蛋羹上放上肉松，撒上葱花即可。

原料

鸡蛋……1 个
肉松……30 克
葱花……少许

调料

盐……1 克

乌鸡炖海带

烹饪时间　1 小时 4 分钟

原料

乌鸡块..............200 克
水发海带..............95 克
木瓜....................80 克
党参....................10 根

调料

盐..........................1 克
鸡粉......................1 克

做法

1 泡好的海带切块；洗净的木瓜去皮，去籽，切块。

2 沸水锅中倒入洗净的乌鸡块，汆去腥味和脏污，捞出沥干。

3 砂锅注水烧热，放入党参，倒入乌鸡块，搅匀。

4 加盖，用大火煮开后转小火续煮 30 分钟至汤水略微入味。

5 揭盖，放入木瓜、海带，搅匀，续煮 30 分钟至食材熟软、入味。

6 加入盐、鸡粉，搅匀调味，关火后盛出煮好的汤，装碗即可。

核桃腰果莲子煲鸡

烹饪时间 2小时4分钟

[做法]

1 锅中注水烧开，倒入洗净的鸡肉块，汆去血渍，捞出沥干，待用。

2 砂锅注水烧热，倒入鸡肉块，放入洗净的香菇。

3 撒上红枣、核桃仁、莲子、陈皮和腰果仁，拌匀、搅散。

4 盖上盖，烧开后转小火煮约2小时，至食材熟透。

5 揭盖，加入盐调味，关火后盛出煮好的鸡汤，稍微冷却后即可食用。

[原料]

鸡肉块……300克
水发莲子……35克
核桃仁……20克
红枣……25克
腰果仁……30克
陈皮……8克
鲜香菇……45克

[调料]

盐……少许

枸杞木耳乌鸡汤

烹饪时间　2 小时 2 分钟

原料

乌鸡………………400 克
木耳…………………40 克
枸杞…………………10 克
姜片………………… 少许

调料

盐………………………3 克

做法

1 锅中注水大火烧开，倒入乌鸡，汆去血沫，捞出待用。

2 砂锅注水大火烧热，倒入乌鸡、木耳、枸杞、姜片，拌匀。

3 盖上锅盖，煮开后转小火煮 2 小时至熟透。

4 掀开锅盖，加入少许盐，搅拌片刻，盛出即可。

红豆鸭汤

烹饪时间 1小时2分钟

[做法]

1 锅中注水烧开，倒入鸭腿肉、料酒，汆去血水，捞入盘中，待用。

2 砂锅注水烧开，倒入红豆、鸭腿，放入姜片、葱段、料酒。

3 盖上盖，用大火煮开后转小火煮1小时至食材熟透。

4 揭盖，放入盐、鸡粉、胡椒粉，拌匀调味。

5 关火后盛出煮好的汤料，装入碗中即可。

[原料]

水发红豆............250克
鸭腿肉...............300克
姜片..................... 少许
葱段..................... 少许

[调料]

盐.........................2克
鸡粉......................2克
胡椒粉.................. 适量
料酒..................... 适量

薏米茯苓鸡骨草鸭肉汤

烹饪时间　2 小时 2 分钟

[原料]

水发薏米............150 克
鸡骨草.................30 克
茯苓....................20 克
鸭肉..................500 克
冬瓜..................300 克
姜片..................... 少许

[调料]

盐........................ 适量

[做法]

1 洗净去皮的冬瓜切成块。

2 锅中注水大火烧开，倒入鸭肉，汆去血水，捞出，沥干水分。

3 砂锅注水烧热，倒入鸭肉、冬瓜、薏米、鸡骨草、茯苓、姜片，搅匀。

4 盖上锅盖，煮开后转小火煮 2 小时至熟透。

5 掀开锅盖，加入少许盐，搅匀调味。

6 关火，将煮好的汤料盛出，装入碗中即可。

鲜活水产

——活色生香，吃之难忘

终于等到你翻开这一篇章，爱吃海鲜的你，但愿不会因为食品安全问题的泛滥而失去兴趣。在这一章节里面，海里的、湖泊里的美味，都将一起带给你不一样的口感和视觉。当然，最重要的还是自己在用心做菜的时候那种享受和品尝后的满足感。

小炒鱼块

烹饪时间　15 分钟

原料

生粉……………………30 克
草鱼……………………200 克
红椒……………………40 克
青椒……………………40 克
姜片……………………少许
葱段……………………少许

调料

盐……………………3 克
鸡粉……………………3 克
白糖……………………2 克
胡椒粉……………………2 克
料酒……………………5 毫升
生抽……………………5 毫升
老抽……………………3 毫升
食用油……………………适量
水淀粉……………………适量

做法

1 处理好的草鱼切块，洗净的青椒去籽切块，洗净的红椒去籽切块。

2 鱼块装碗，加盐、鸡粉、胡椒粉、料酒、生粉，拌至鱼块均匀上糊，腌 10 分钟。

3 热锅注油，烧至七成热，倒入鱼块，拌匀，炸至金黄色，捞出沥干。

4 热锅注油烧热，倒入姜片、葱段，爆香，放入青椒块、红椒块，翻炒均匀。

5 注水，加入生抽、老抽、盐、鸡粉、白糖，调味，加入水淀粉，快速炒匀，再倒入鱼块，稍稍翻炒至入味，关火后将炒好的鱼块盛入盘中即可。

滑熘鱼片

烹饪时间　15 分钟

[原料]

草鱼……300 克
葱段……少许
姜片……少许
鸡蛋清……30 克
花椒粒……5 克
红椒……60 克
水发木耳……60 克
生粉……20 克

[调料]

盐……4 克
鸡粉……4 克
白胡椒粉……3 克
白糖……3 克
水淀粉……5 毫升
料酒……5 毫升
食用油……适量

[做法]

1 把木耳切成小块，洗净的红椒斜刀切块。

2 处理好的草鱼切片，装碗，加盐、料酒、白胡椒粉、鸡粉、鸡蛋清，腌 10 分钟。

3 草鱼片中加入生粉，充分拌匀，倒入沸水锅，汆至转色，捞入盘中。

4 热锅注油烧热，爆香花椒粒、葱段、姜片，倒入木耳、100 毫升凉开水。

5 加入适量盐，撒上鸡粉、白糖，翻炒均匀，倒入切好的红椒块，快速炒匀。

6 用水淀粉勾芡，倒入草鱼片，炒至入味，盛出即可。

清蒸鲈鱼鲜

烹饪时间 10 分钟

[原料]

鲈鱼....................300 克
葱丝........................少许
姜丝........................少许
姜片........................少许

[调料]

蒸鱼豉油.............5 毫升
食用油....................适量

[做法]

1 洗净的鲈鱼两面各切一刀，鱼肚中放入姜片。

2 取空盘，交叉放上筷子，筷子上放入鲈鱼。

3 电蒸锅注水烧开，放入鲈鱼，盖上盖，蒸 8 分钟至熟。

4 揭开盖，取出鲈鱼，取出筷子，在鲈鱼上放好葱丝和姜丝。

5 锅中注油，烧至八成热，关火后将热油淋在鲈鱼上，再淋上蒸鱼豉油即可。

4人份 辣卤酥鲢鱼

烹饪时间 32分钟

[原料]

鲢鱼....................700 克
麻辣卤水..........800 毫升
香菜........................2 克
生粉......................30 克

[调料]

盐 ....2 克
料酒.....................5 毫升
食用油....................适量

[做法]

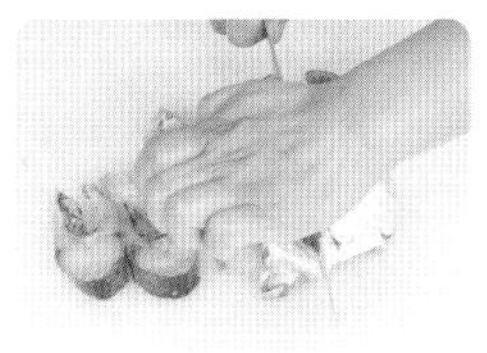

1 洗净的鲢鱼鱼头对半切开，鱼尾切段，装碗，加入料酒、盐、生粉，拌匀。

2 锅中注油烧至六成热，放入鲢鱼，炸至金黄，捞出。

3 锅置火上烧热，倒入麻辣卤水，煮沸，放入鲢鱼块，搅匀。

4 加盖，用小火卤20分钟至入味，揭盖，将鲢鱼摆盘，浇上卤汁，放上香菜即可。

老干妈蒸腊鱼

烹饪时间　12 分钟

原料

腊鱼块................100 克
姜片........................少许
葱段........................少许

调料

老干妈辣酱...........40 克
鸡粉........................1 克
料酒.....................5 毫升

做法

1 沸水锅中倒入腊鱼块，汆去多余盐分，捞出沥干，装碗待用。

2 往腊鱼上加入老干妈辣酱、姜片、葱段、料酒、鸡粉，腌至入味。

3 将腌好的腊鱼倒入空盘中，再放入已注水烧开的蒸锅中。

4 加盖，用大火蒸 10 分钟至熟软，揭盖，取出蒸好的腊鱼即可。

1人份 清炒虾仁

烹饪时间 3分钟

原料

生粉……15克
鲜虾仁……80克
黄瓜……60克
鸡蛋清……1个
姜片……3克
蒜末……3克
葱段……3克

调料

盐……1克
鸡粉……1克
料酒……3毫升
食用油……适量

做法

1 洗净的黄瓜对半切开，去籽，切成厚片。

2 洗好的鲜虾仁中放入蛋清、生粉，搅拌均匀。

3 锅中注入适量食用油，烧至四成热，放入腌好的虾仁，滑油半分钟，捞出待用。

4 用油起锅，放入姜片、葱段、蒜末，爆香，倒入黄瓜，翻炒数下。

5 放入虾仁，搅散，加入料酒，注入50毫升水，搅匀，稍煮片刻。

6 加入盐、鸡粉，炒至收汁，关火后将菜肴装盘即可。

家常小炒鱼

烹饪时间　2 分钟

原料

鳝鱼……50 克
红椒……50 克
鱿鱼……60 克
香干……30 克
韭菜花……25 克
姜片……4 克
葱段……4 克

调料

料酒……5 毫升
生抽……4 毫升
水淀粉……4 毫升
盐……2 克
鸡粉……2 克
食用油……适量

做法

1 香干切条，鱿鱼切条，鳝鱼去头切条，红椒去籽切条，韭菜花切长段。

2 锅中注入适量清水烧开，放入鳝鱼、鱿鱼，汆去杂质，再倒入香干，搅拌片刻。

3 将汆好的食材捞出，沥干水分，用凉水冲洗干净，待用。

4 热锅注油烧热，爆香姜片、葱段，放入汆好的食材、红椒，炒匀。

5 加入韭菜花，淋入料酒、生抽，翻炒片刻，加盐、鸡粉，调味。

6 倒入水淀粉，翻炒收汁，关火后将炒好的菜肴盛出，装入盘中即可。

4人份 红烧鳝鱼

烹饪时间 4分钟

原料

鳝鱼……450克
上海青……50克
去皮胡萝卜……50克
葱段……8克
姜片……8克
蒜末……8克
花椒……5克

调料

盐……3克
鸡粉……1克
白糖……2克
料酒……5毫升
生抽……5毫升
水淀粉……5毫升
食用油……适量

做法

1 洗净的上海青切四瓣；胡萝卜切片；处理干净的鳝鱼去除头尾，切小段。

2 沸水锅中加入少许食用油、盐，放入上海青，汆至断生，捞出沥干，摆盘待用。

3 热锅注油，烧至六成热，放入鳝鱼段，滑油半分钟，捞出沥干，装盘。

4 用油起锅，爆香花椒、姜片、葱段、蒜末，放入胡萝卜片、鳝鱼段，炒匀。

5 加入适量料酒、生抽，注入清水，搅匀，加入盐、鸡粉、白糖，炒匀调味。

6 加入水淀粉，炒匀收汁，关火后盛出鳝鱼，放在上海青中间即可。

青笋烧泥鳅

烹饪时间　5 分钟

[原料]

泥鳅……200 克
莴笋……110 克
泡椒……60 克
葱段……少许
姜片……少许

[调料]

盐……2 克
鸡粉……2 克
白糖……3 克
水淀粉……4 毫升
食用油……适量
豆瓣酱……30 克

[做法]

1 处理好的莴笋先切成片，再切成条。

2 热锅注油，烧至七成热，倒入泥鳅，炒至转色，盛入盘中，待用。

3 热锅注油烧热，倒入豆瓣酱、葱段、姜片，爆香，放入泡椒，注入清水炒匀。

4 放入泥鳅、莴笋，炒匀，加入盐、鸡粉、白糖，翻炒调味。

5 盖上锅盖，煮开后转小火煮 3 分钟。

6 揭盖，倒入适量水淀粉，翻炒至收汁，关火后将炒好的泥鳅盛入盘中即可。

2人份 香辣小黄鱼

烹饪时间 17分钟

原料

小黄鱼……350克
干辣椒……8克
八角、桂皮……各少许
葱花、姜片……各少许

调料

辣椒油、陈醋…各3毫升
生抽……5毫升
料酒……6毫升
白糖……3克
盐……2克
胡椒粉、水淀粉..各适量
食用油……适量

做法

1 处理好的小黄鱼身上加入料酒、盐、胡椒粉、水淀粉，腌10分钟。

2 热锅注油烧热，放入小黄鱼，炸至金黄，捞出，沥干油分待用。

3 锅底留油烧热，放入八角、桂皮、姜片，爆香。

4 倒入干辣椒、料酒、生抽，注水，加盐、白糖、陈醋，放入小黄鱼。

5 盖上盖，中火焖5分钟使其入味，揭盖，加入辣椒油，翻炒片刻。

6 倒入葱花，翻炒出香味，关火后盛入盘中即可。

油焖小龙虾

烹饪时间　15 分钟

[原料]

小龙虾……………500 克
八角……………………2 个
香叶……………………2 片
花椒粒…………………2 克
白蔻……………………5 颗
干辣椒…………………5 克
葱段、姜片、蒜末各少许
桂皮、丁香、香菜各少许

[调料]

盐、鸡粉、白糖 .. 各 3 克
老抽…………………3 毫升
食用油…………………适量
白酒、生抽 ……各 5 毫升
水淀粉………………5 毫升
豆瓣酱………………15 克

QRcode
扫一扫，看视频

[做法]

1 往小龙虾中注入 500 毫升水，加盐拌匀，浸泡 30 分钟，捞出待用。

2 热锅注油烧热，爆香姜片、葱段，倒入八角、桂皮、白蔻、香叶。

3 加入丁香、花椒粒、干辣椒、蒜末，炒香，倒入泡好的小龙虾、豆瓣酱，炒匀。

4 倒入白酒、生抽，注入 200 毫升水，煮沸，加入盐、白糖、老抽，拌匀。

5 加盖，转小火焖 10 分钟，揭盖，加入鸡粉、水淀粉，充分拌匀，收汁入味。

6 关火，将煮好的小龙虾盛入备好的石锅中，再撒上香菜即可。

2人份 葱爆河虾

烹饪时间　6分钟

原料

河虾……95克
姜片……少许
葱段……少许
香菜……少许

调料

盐……2克
鸡粉……2克
白糖……2克
料酒……5毫升
生抽……5毫升
老抽……5毫升
食用油……适量

QRcode
扫一扫，看视频

做法

1 热锅注油烧热，倒入姜片、葱段，爆香。

2 倒入洗净的河虾，拌匀，淋上料酒、生抽、老抽，炒匀。

3 撒上盐、鸡粉、白糖，炒匀，倒入香菜，充分炒拌至食材入味。

4 关火后将炒好的河虾盛出，装入盘中即可。

2人份

香辣蟹

烹饪时间　12分钟

[原料]

花蟹……150克
干辣椒……15克
花生仁……20克
葱段……少许
姜片……少许
大蒜……少许
香菜……少许

[调料]

盐……2克
白糖……2克
鸡粉……1克
生抽……3毫升
料酒……3毫升
水淀粉……3毫升
食用油……适量
豆瓣酱……20克

[做法]

1 用油起锅，放入大蒜、花生仁、姜片、葱段，炒出香味。

2 倒入豆瓣酱、干辣椒，翻炒数下，注入约150毫升清水。

3 待煮沸后放入处理干净的花蟹块，加入适量盐、白糖、生抽、料酒，拌匀。

4 加盖，用大火煮开后转小火焖5分钟至入味。

5 揭盖，放入鸡粉、水淀粉，搅至酱汁微稠。

6 关火后盛出菜肴，装盘，放入洗净的香菜即可。

美味酱爆蟹

烹饪时间 5分钟

[原料]

螃蟹....................600克
干辣椒....................5克
葱段........................少许
姜片........................少许

[调料]

黄豆酱..................15克
料酒.....................8毫升
白糖........................2克
盐...........................2克
食用油....................适量

[做法]

1 处理干净的螃蟹剥开壳，去除蟹腮，切成块。

2 热锅注油烧热，倒入姜片、黄豆酱、干辣椒，爆香。

3 倒入螃蟹，淋入少量料酒，炒匀去腥，注入适量清水，加少许盐，快速炒匀。

4 盖上盖，大火焖3分钟，揭盖，倒入葱段，翻炒均匀。

5 加入适量白糖，持续翻炒片刻。

6 关火，将炒好的螃蟹盛入备好的盘中即可。

蒜香粉丝蒸扇贝

烹饪时间　15 分钟

[原料]

净扇贝……180 克
水发粉丝……120 克
蒜末……10 克
葱花……5 克

[调料]

剁椒酱……20 克
盐……3 克
料酒……8 毫升
蒸鱼豉油……10 毫升
食用油……适量

QRcode
扫一扫，看视频

[做法]

1 洗净的粉丝切段；洗净的扇贝肉装碗，加入料酒、盐，腌 5 分钟。

2 取蒸盘，放入扇贝壳，摆放整齐，倒入粉丝和扇贝肉，撒上剁椒酱。

3 用油起锅，撒上备好的蒜末，爆香，关火后盛出炒好的蒜末，浇在扇贝肉上。

4 备好电蒸锅，烧开水后放入蒸盘，盖上盖，蒸约 8 分钟，至食材熟透。

5 断电后揭开盖子，取出蒸盘，趁热浇上蒸鱼豉油，再点缀上少许葱花即可。

青椒海带丝

烹饪时间　2 分钟

[原料]

海带丝................200 克
青椒......................50 克
大蒜........................8 克

[调料]

盐...........................2 克
芝麻油.................3 毫升

[做法]

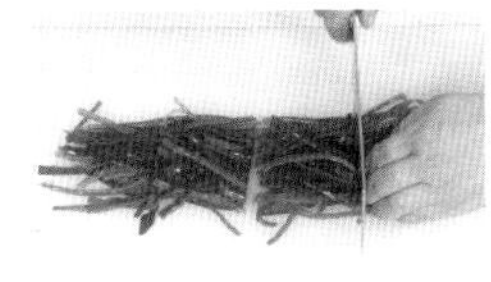

1 海带丝切段，洗净的青椒去籽切丝，大蒜压扁切成蒜末。

2 锅中注入清水大火烧开，倒入海带丝、青椒丝，煮至断生。

3 将食材捞出，沥干水分，装入碗中，待用。

4 加入蒜末、盐、芝麻油，搅拌匀，倒入盘中即可。

酸汤鱼

烹饪时间　12 分钟

[原料]

草鱼………………800 克
莲藕………………80 克
土豆、芹菜……各 60 克
西红柿……………85 克
海带丝……………65 克
黄豆芽……………65 克
豆皮………………35 克
干辣椒……………10 克
花椒粒……………10 克
葱段、蒜末………各适量

[调料]

白醋、料酒……各 5 毫升
盐…………………5 克
鸡粉、胡椒粉……各 2 克
食用油、水淀粉..各适量

[做法]

1 洗净去皮的土豆、莲藕切片；豆皮切丝；芹菜切碎；西红柿切瓣；草鱼剔骨，剁成块。

2 草鱼肉斜刀切片，装碗，加盐、料酒、水淀粉、食用油，拌匀，腌渍 5 分钟。

3 热锅注油烧热，爆香干辣椒、葱段，放入鱼骨、料酒，注水至没过食材。

4 倒入土豆、莲藕、海带丝、豆皮、黄豆芽，加盖，大火煮开后转小火煮 5 分钟至熟，揭盖，倒入西红柿，加盐、鸡粉、胡椒粉，调味，捞出。

5 把汤加热，倒入鱼片、白醋，煮至入味，盛入食材碗中，铺上芹菜、蒜末、花椒粒，浇上热油即可。

酸菜煮鱼

烹饪时间 40分钟

[原料]

鲤鱼……300克
酸白菜……100克
黄豆芽……60克
葱段……8克
葱花……5克
姜末……5克
花椒……5克
油泼辣子……5克

[调料]

盐……3克
鸡粉……3克
胡椒粉……3克
料酒……4毫升
生抽……5毫升
食用油……适量

[做法]

1 鲤鱼切段，加盐、料酒、胡椒粉、鸡粉，拌匀，腌渍30分钟。

2 热锅注油烧热，爆香花椒、葱段、姜末，加入酸白菜、清水、鲤鱼，拌匀。

3 盖上盖，大火煮8分钟至熟，揭盖，加盐、鸡粉、胡椒粉、黄豆芽，拌匀。

4 再次煮开后将鱼段盛出，装入盘中摆好。

5 将葱花倒入油泼辣子内，淋入生抽拌匀，将调好的味汁摆放在鱼肉边即可。

萝卜丝炖鲫鱼

烹饪时间　20 分钟

[原料]

鲫鱼……………………250 克
去皮白萝卜………200 克
金华火腿…………… 20 克
枸杞…………………… 15 克
姜片……………………少许
香菜……………………少许

[调料]

盐……………………… 3 克
鸡粉…………………… 3 克
白胡椒粉……………… 3 克
料酒……………………10 毫升
食用油…………………适量

[做法]

1 白萝卜切丝，火腿切丝，洗净的鲫鱼两面打上若干一字花刀。

2 往切好的鲫鱼两面各抹上适量盐，再淋上少许料酒，拌匀，腌渍 10 分钟。

3 热锅注油烧热，倒入鲫鱼，放入姜片，爆香，注入 500 毫升水。

4 倒入火腿丝、白萝卜丝，拌匀，炖 8 分钟。

5 加入盐、鸡粉、白胡椒粉，充分拌匀入味。

6 关火后捞出鲫鱼，淋上汤汁，点缀上枸杞、香菜即可。

鱼头豆腐汤

烹饪时间　14 分钟

原料

鱼头……350 克
豆腐……200 克
姜片……少许
葱段……少许
香菜叶……少许

调料

盐……2 克
胡椒粉……2 克
鸡粉……3 克
料酒……5 毫升
食用油……适量

做法

1 洗净的豆腐切块。

2 用油起锅，爆香姜片，倒入鱼头、料酒，拌匀。

3 注入清水，倒入豆腐块，大火煮约 12 分钟至汤汁呈奶白色。

4 加入盐、鸡粉、胡椒粉，放入葱段，拌匀，稍煮片刻至入味。

5 关火后盛出煮好的汤，装入碗中，放上香菜叶即可。

鲫鱼莲藕汤

烹饪时间　33 分钟

[原料]

莲藕……………………150 克
鲫鱼……………………200 克
水发木耳………………50 克
葱花……………………少许
姜片……………………少许

[调料]

盐………………………3 克
鸡粉……………………2 克
料酒……………………5 毫升
胡椒粉…………………适量
食用油…………………适量

[做法]

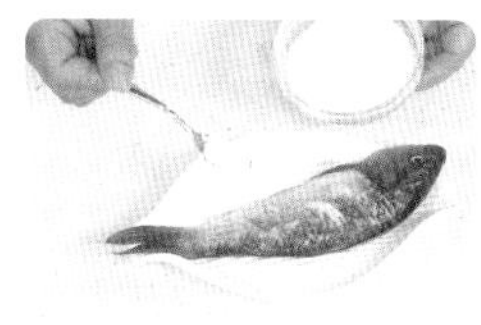

1 往鲫鱼两面撒上盐、料酒，腌 10 分钟；洗净去皮的莲藕切片；泡发好的木耳切碎。

2 热锅注油烧热，放入鲫鱼，煎出香味，放入姜片，稍稍搅拌。

3 注入清水，倒入莲藕，加盖，大火煮开后转小火煮 15 分钟。

4 揭盖，倒入木耳碎，拌匀，续煮 5 分钟，放入盐、鸡粉、胡椒粉调味，盛入碗中，撒上葱花即可。

Part 7

花样主食

——主食大变身，吃出新感觉

老百姓的一日三餐，主食是最不可或缺的。它是人们生命活动中所需『能量』的主要来源，是人类赖以生存的食物。在自家厨房进行巧妙的主食搭配——米面相配、粗细交替、瓜粮结合、粮豆混合，这样可以使营养素互补，让主食大变身。这章让我们一起轻松吃好主食，吃出健康！

酸菜炒饭

烹饪时间　4 分钟

原料

肉末 .... 65 克
米饭 .... 155 克
洋葱 .... 50 克
去籽青椒 .... 40 克
去皮胡萝卜 .... 60 克
酸菜 .... 80 克
葱花 .... 少许

调料

盐 .... 1 克
鸡粉 .... 1 克
生抽 .... 5 毫升
食用油 .... 适量

做法

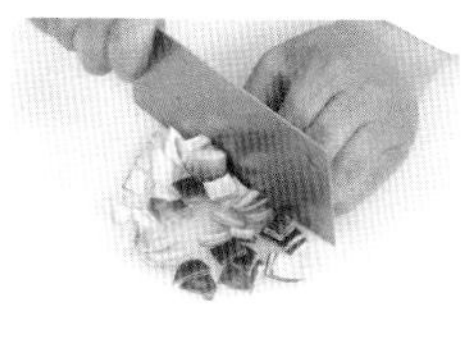

1 洗净的洋葱切丁，胡萝卜切丁，青椒切丁，酸菜切丝，待用。

2 用油起锅，倒入肉末，炒至转色，放入胡萝卜丁、青椒丁、洋葱丁、酸菜丝，炒匀。

3 放入米饭，搅散，加入生抽、盐、鸡粉，炒至入味。

4 关火后盛出炒好的米饭，装盘，撒上葱花即可。

1人份 西红柿蛋炒饭

烹饪时间 3 分钟

[原料]

西红柿……………120 克
鸡蛋液……………20 克
葱花……………7 克
熟米饭……………1 碗

[调料]

盐……………3 克
鸡粉……………3 克
食用油……………适量

[做法]

1 洗净的西红柿去蒂，切成丁，待用。

2 热锅注入适量食用油烧热，倒入西红柿，炒香。

3 倒入米饭，快速炒散，加盐、鸡粉、鸡蛋液，炒匀。

4 加入葱花，炒香，关火后将炒好的饭盛出即可。

土豆蒸饭

烹饪时间　22 分钟

[原料]

水发大米............150 克
土豆..................250 克

[调料]

盐......................... 适量
食用油.................. 适量

[做法]

1 洗净去皮的土豆切成片，再切成条，改切小丁。

2 热锅注油烧热，倒入土豆，翻炒片刻，注水，加入大米，撒上适量盐，拌匀。

3 加盖，煮开后转小火煮 15 分钟，揭盖，沿锅边注入食用油。

4 加盖，用小火续焖 5 分钟，至食材熟软入味，揭盖，搅拌片刻，盛出即可。

胡萝卜黑豆饭

2人份

烹饪时间　28分钟

原料

水发黑豆..............60克
豌豆.....................60克
水发大米............100克
胡萝卜.................65克

做法

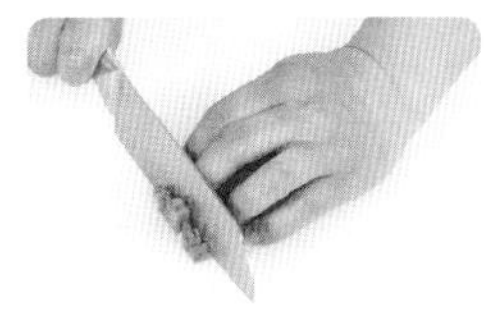

1 洗净去皮的胡萝卜切厚片，切条，再切丁。

2 奶锅注水烧开，倒入黑豆、豌豆，汆片刻，捞出，放凉，混合在一起细细切碎。

3 奶锅注水烧开，倒入水发大米、黑豆和豌豆碎、胡萝卜，拌匀。

4 用大火煮开，撇去浮沫，转小火，加盖煮20分钟，关火，焖5分钟，将饭盛出即可。

香菇玉米粥

烹饪时间　52 分钟

[原料]

水发大米............170 克
玉米粒...............110 克
胡萝卜.................90 克
金华火腿.............40 克
香菇....................70 克

[调料]

盐........................ 适量

[做法]

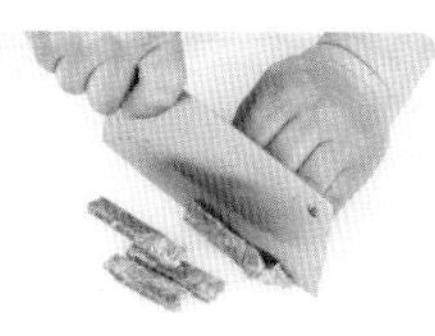

1 火腿切粗条，洗净去皮的胡萝卜切丁，洗净的香菇切块。

2 砂锅注水烧开，倒入大米、玉米、火腿、胡萝卜、香菇，拌匀。

3 盖上盖，大火煮开后转小火煮 50 分钟。

4 揭盖，加入适量盐，搅拌片刻，关火后将粥盛入碗中即可。

皮蛋瘦肉粥

1人份

烹饪时间　3 小时 22 分钟

原料

瘦肉……50 克
水发大米……60 克
皮蛋……1 个
姜末……2 克
葱花……2 克

调料

盐……2 克
鸡粉……2 克

做法

1 洗净的瘦肉剁成肉末，加盐、鸡粉、水，拌匀；皮蛋去壳，切丁。

2 将淘洗过的大米盛入内锅中，加水，盖上盖。

3 取隔水炖盅，加入清水，放入内锅，盖上盅盖，炖 2.5 小时。

4 白粥炖好，加入肉末、皮蛋、姜末，拌匀，盖上盖，再炖 20 分钟。

5 瘦肉粥炖好，加入适量盐、鸡粉，拌匀调味。

6 撒上备好的葱花，搅拌匀，将炖盅取出即成。

2 人份

家常汤面

烹饪时间 8分钟

[原料]

熟面条……………215克
榨菜丝……………25克
水发木耳…………25克
绿豆芽……………25克
去皮胡萝卜………65克
葱段………………少许
葱花………………少许
肉丝………………55克

[调料]

盐…………………3克
胡椒粉……………3克
鸡粉………………3克
水淀粉……………5毫升
料酒………………5毫升
生抽………………5毫升
食用油……………适量

扫一扫，看视频

[做法]

1 泡发好的木耳切丝，胡萝卜切丝。

2 肉丝中加盐、料酒、胡椒粉、鸡粉、水淀粉，拌匀，腌渍10分钟。

3 热锅注入适量食用油烧热，倒入肉丝，炒至转色。

4 倒入葱段、榨菜丝、胡萝卜、木耳，炒匀。

5 淋上料酒、生抽，注水，撒上盐、鸡粉，倒入绿豆芽，拌至入味。

6 关火后将炒好的菜肴盛出，浇在面条上，撒上葱花即可。

鸡蛋挂面汤

烹饪时间 5分钟

[原料]

挂面……………………100克
菠菜……………………70克
西红柿…………………75克
鸡蛋……………………1个
葱段……………………少许

[调料]

盐………………………2克
鸡粉……………………1克
生抽……………………5毫升
食用油…………………适量

[做法]

1 洗净的菠菜切三段；洗好的西红柿去蒂，切丁。

2 用油起锅，放入葱段、西红柿、生抽、水，煮沸，放入挂面，煮至微软。

3 加入盐、鸡粉，搅匀调味，放入菠菜，搅拌数下至变软，关火后盛出汤面，待用。

4 用油另起锅，打入鸡蛋，煎至底部微焦，将蛋白部分覆盖住蛋黄。

5 撒上适量盐，翻面，煎约数秒，关火后盛出煎好的鸡蛋，放入汤面中即可。

素三丝炒面

烹饪时间 3分钟

原料

熟拉面……160克
青椒……60克
茭白……70克
胡萝卜……80克

调料

生抽……5毫升
老抽……3毫升
盐……2克
鸡粉……2克
食用油……适量

做法

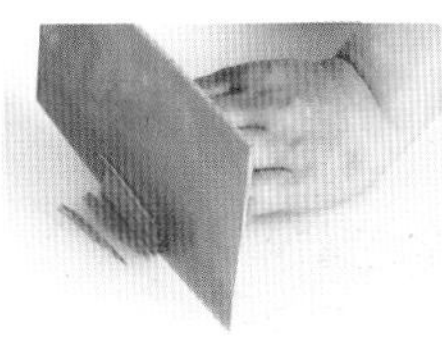

1 洗净的青椒去籽切丝，洗净去皮的胡萝卜切丝，茭白切丝。

2 热锅注入适量食用油烧热，倒入茭白、胡萝卜、青椒，炒匀。

3 倒入备好的拉面，炒匀，加入适量生抽、老抽，翻炒上色。

4 加入适量盐和鸡粉，翻炒至入味，关火后盛出炒好的面条即可。

3人份 鲜肉包子

烹饪时间 2小时20分钟

[原料]

面粉……………………300克
无糖椰粉………………10克
牛奶……………………50毫升
酵母粉…………………3克
肉末……………………100克
姜末……………………少许
葱花……………………少许

[调料]

鸡粉、五香粉……各2克
盐………………………3克
料酒……………………4毫升
老抽……………………2毫升
芝麻油…………………适量
白糖……………………10克
豆瓣酱…………………30克

[做法]

1 取一个碗，倒入250克面粉，放入酵母粉、椰粉、白糖、牛奶、温开水，拌匀。

2 揉成面团，用保鲜膜封住碗口，常温下将面团发酵2个小时。

3 肉末装碗，加葱花、姜末、豆瓣酱、盐、鸡粉、料酒、老抽、五香粉、芝麻油、水，拌成肉馅。

4 撕开面团上的保鲜膜，在案台上撒上适量面粉，放入面团，揉搓成长条，揪成五个剂子。

5 撒上面粉，将剂子压扁成饼状，用擀面杖擀制成厚度均匀的包子皮。

6 放入适量馅，制成包子生坯，放入蒸笼屉，蒸15分钟至熟，取出蒸好的包子即可。

开花馒头

烹饪时间　2小时20分钟

[原料]

面粉 385克
熟紫薯片 80克
熟南瓜块 100克
菠菜汁 50毫升
酵母粉 15克

[做法]

1 碗中倒入110克面粉、酵母粉、菠菜汁，拌匀，揉成菠菜面团，装碗发酵2小时。

2 另取一碗，倒入230克面粉、酵母粉，注水，揉成面团，发酵2小时。

3 把南瓜、紫薯装入保鲜袋，分别按压成泥，倒入盘中，待用。

4 撕去保鲜膜，取一半面团，撒上面粉，分别放入紫薯泥、南瓜泥，揉成紫薯、南瓜面团。

5 将菠菜面团取出，擀成面皮，南瓜面团、紫薯面团也用相同方式制成面皮，将菠菜面皮卷成一团，用南瓜皮包住，紫薯面皮包在最外层，捏紧，顶部切上花刀，蒸熟即可。

花卷

烹饪时间　2 小时 18 分钟

原料

面粉 .... 250 克
酵母粉 .... 5 克

调料

盐 .... 3 克
五香粉 .... 3 克
鸡粉 .... 2 克
食用油 .... 适量
白糖 .... 10 克

做法

1 碗中倒入 230 克面粉、酵母粉、白糖，注水搅匀，揉成面团。

2 面团装碗，用保鲜膜封住，常温发酵 2 小时至面团松软，撕去保鲜膜，将面团取出，撒上面粉，揉成粗条。

3 撒些许面粉，用擀面杖擀成面皮，倒入油、盐、鸡粉、五香粉，抹匀。

4 撒上面粉，如折扇面样折叠起来，拉长，用刀切成长度一致的长段。

5 将长段两端用手捏住，粘牢，剩下的面团逐一按此法制成花卷生坯。

6 电蒸锅注水烧开，放入花卷生坯，加盖，蒸 15 分钟至熟，揭盖，取出蒸好的花卷即可。

韭菜鸡蛋饺子

烹饪时间　10 分钟

原料

韭菜……75 克
饺子皮……85 克
鸡蛋液……30 克
虾皮……10 克

调料

盐……3 克
鸡粉……3 克
花椒粉……3 克
食用油……适量

做法

1 韭菜切碎，鸡蛋液打散，待用。

2 热锅注油烧热，倒入鸡蛋液，快速炒散后盛出待用。

3 取一碗，倒入鸡蛋、虾皮、韭菜，撒上盐、鸡粉、花椒粉、食用油，拌成馅料。

4 备好一碗清水，用手指蘸上清水，往饺子皮边缘涂抹一圈。

5 往饺子皮中放上馅料，将两边捏紧，依次制成饺子生坯，待用。

6 锅中注入清水烧开，倒入生坯，拌匀，煮至饺子浮起后盛出即可。

酸汤水饺

烹饪时间 5分钟

[原料]

水饺..................150克
过水紫菜..............30克
虾皮...................30克
葱花...................10克
油泼辣子..............20克
香菜......................5克

[调料]

盐.........................2克
鸡粉......................2克
生抽...................4毫升
陈醋...................3毫升

[做法]

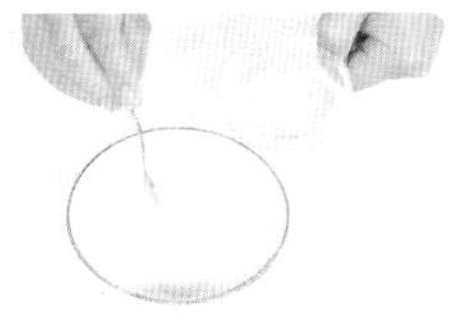

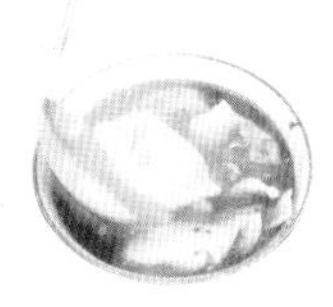

1 锅中注入适量清水烧开，放入水饺，盖上盖，大火煮3分钟。

2 取一个碗，放入盐、鸡粉，淋入生抽、陈醋。

3 加入紫菜、虾皮、葱花、油泼辣子，搅拌均匀。

4 揭盖，将水饺盛入调好料的碗中，加入香菜即可。

葱香饼

烹饪时间 35 分钟

[原料]

葱花……………………20 克
洋葱……………………60 克
中筋面粉…………150 克
大蒜……………………2 瓣

[调料]

盐……………………3 克
杏仁油…………15 毫升

[做法]

1 碗中放入面粉、水，往同个方向拌匀，揉成面团，用一个空碗倒扣住，饧面 30 分钟。

2 大蒜剁成末，洋葱切丁，放入碗中，加盐、葱花，制成馅料。

3 取出面团，撒入面粉，揉成长条，分为两块，撒上一些中筋面粉，擀成面皮。

4 撒入馅料，将面饼卷成车轮状，撒入面粉，用擀面棍擀平，制成葱油卷饼。

5 取平底锅，倒入杏仁油，放入饼，转中火，加盖，煎至两面金黄。

6 煎好后将葱油饼取出，放入放有吸油纸的盘子上即可。